KB023312

혼돈, 사람과 신들의 나라

혼돈, 사람과 신들의 나라

-5부자 인도대륙을 횡단하다

강 인 철

수문출판사

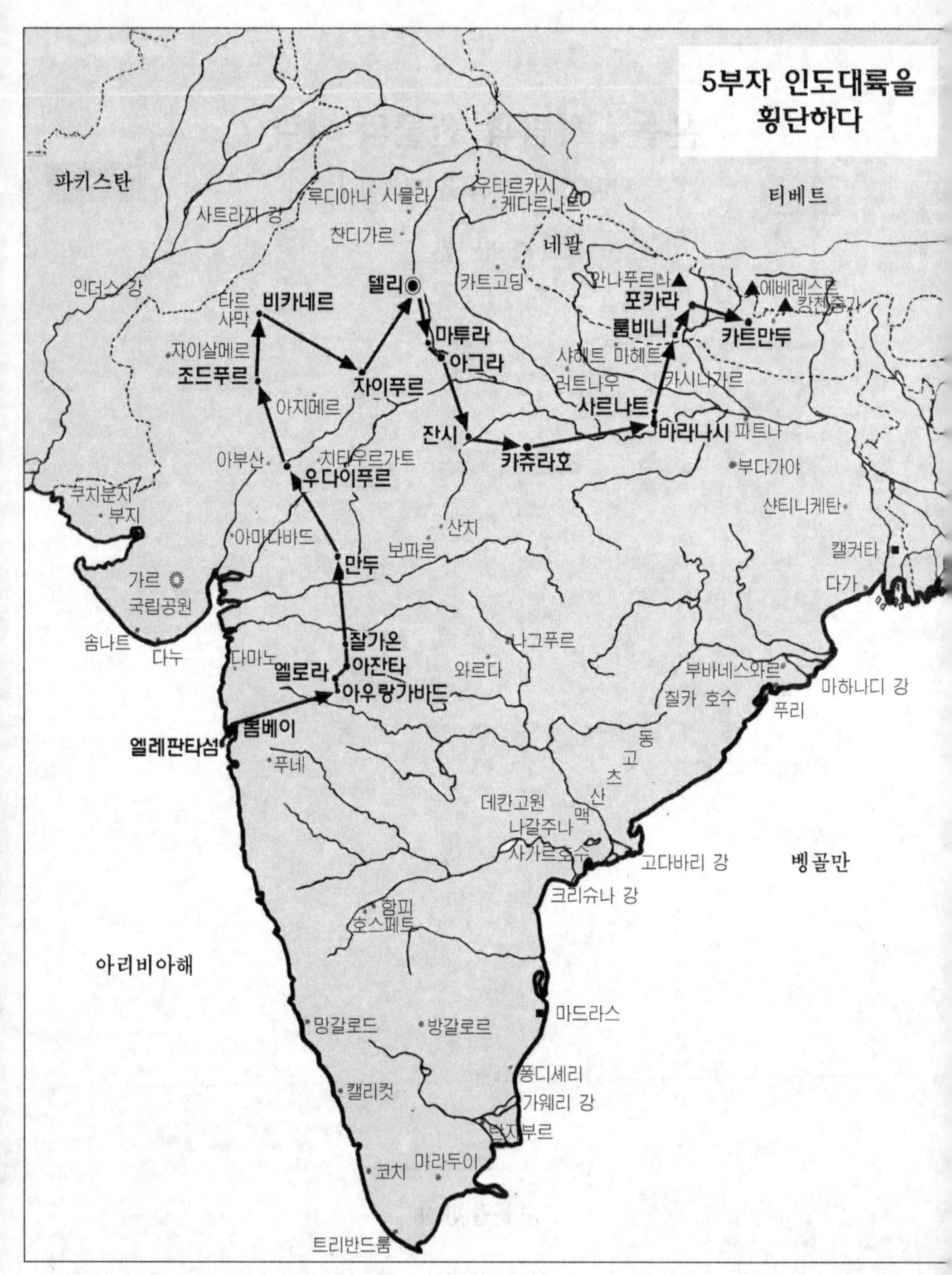

5부자 인도대륙을 횡단하다
파키스탄
티베트
네팔
사트라지 강
루디아나
시믈라
우타르카시
케다르나트
찬디가르
인더스 강
타르 사막
비카네르
델리
카트고딩
안나푸르나
포카라
에베레스트
칸첸중가
룸비니
카트만두
마투라
아그라
자이살메르
조드푸르
자이푸르
샤헤트 마헤트
러트나우
카시나가르
사르나트
아지메르
잔시
카쥬라호
바라나시
파트나
아부산
치타우르가트
우다이푸르
부다가야
쿠치분지
부지
샨티니케탄
아마다바드
산치
보파르
만두
캘커타
가르
국립공원
다가
솜나트
다누
잘가온
나그푸르
다마노
엘로라
아잔타
와르다
아우랑가바드
부바네스와르
마하나디 강
질카 호수
푸리
봄베이
엘레판타섬
동
고
츠
산
맥
푸네
데칸고원
나갈주나
사가르호수
고다바리 강
벵골만
크리슈나 강
함피
호스페트
아리비아해
마드라스
망갈로드
방갈로르
퐁디셰리
캘리컷
가웨리 강
탄지부르
코치
마라두이
트리반드룸

책을 열며

온나라가 온백성이 힘들어했던 IMF환란이 어느새 아스라하다.

살다가 문득 홀로 아득하게 외로우면 허무를 맛보는 것일까.

그럴 때는 어디론가 '떠남'을 꿈꾸게 된다. 그것은 새로운 도전을 위해 망그작거리던 곳을 잠시 비워내는 작업이다. 조금 멋지게 표현하면 여행의 시작이라고나 할까.

첫번째 인도길에서 삶의 악취에 질린 나머지 '두번 올 곳은 못되는구나'를 두런거리며 쫓기듯 돌아온게 작년 일인데, 그러나 올 여름 또다시 발길을 인도로 내몰고 말았다.

열기 가득한 그곳은 수천년 동안 사람들이 비비적거리며 일궈놓은 문화대륙의 흡인력이 흐물흐물 넘쳐 흘렀고 사람 냄새에 혼이 빠질 지경이었지만 그런 것이 오히려 발걸음을 끌어 당겼는지 모른다.

다양한 사상과 갖가지 유적을 남기고 있음은 문화의 보고(寶庫)요, 한 때나마 우리나라가 불교국이었음을 감안하면 성지(聖地)이기도 하다.

대륙횡단 역사기행은 결국 다리품 팔고 귀동냥해서 그동안 머리로만 알아왔던 것을 깨달음으로 몸에 새기는 작업이 아니던가. 무심코 지나쳤던 박시시와 돌덩이 하나가 가슴 한 켠에 커다란 감동으로 자리잡기 일쑤다.

아직도 다시 가서, 또 보고, 더 만나고 싶은 게 하나둘이 아니지만 그러나 때로는 '투가리보다 장맛'이 좋을 수도 있는법.

서툴면 서툰 대로 발길 따라 여과없이 느낀 채록을 이런저런 생각들로 녹여내고 싶다.

그러다 보면 저절로나는 생각(思)도 있거니와 적극적으로 머리를 짜내야 하는 생각(考)도 있다. 생각나는 생각이든 생각하는 생각이든 모두가 금쪽 같기 만한 인도와의 만남들.

되도록 사(思)의 바탕은 전통에서 고(考)의 틀은 현실에서 찾아보려고 애썼으나 결국은 둘이 하나일 수밖에 없는게 근본이었음을 뒤늦게 깨닫는다.

무용수들이 무대에서 무수히 회전하며 춤을 추면서도 결코 어지러움으로 쓰러지지 않음은 보이는 것을 무작정 다 보지않고 오직 한가지 목표에만 시선을 집중할 줄 알기 때문이라 한다.

올여름 인도 유랑길이 이래저래 어지러웠던건 사실이나 끝내 이기고 쓰러지지 않았던 '힘의 사고'와 함께 멀고도 가까운 나라 인도를 다시 만나고 싶다.

1999. 9. 9.

5父子 姜 仁 喆

추 천 사

紫霞寺 : 青雲

산방(山房)에서도 가끔은 인류, 문화, 사회, 행복, 자연과 같은 단어들을 깊이 되뇌일 때가 있습니다.

근대 이후의 산업화는 한마디로 물신화(物神化) 과정이 너무 심한 것 같은 생각입니다. 가만 놔뒀으면 더 좋았을 자연까지 마구 허물어낸 자리에 대신 '개발의 성'만 높이높이 쌓아올린건 아무리 생각해도 좀 지나쳤습니다. 게다가 앞으로 예상되는 가상문화(Cyber Culture)까지 상상하면 문화란 과연 무엇이며 우리의 삶과 인류에 어떻게 접목될 것인가를 심각하게 묻지 않을 수 없습니다.

본시 문화란 공산품이 아니었으며 농경으로부터의 시원이었듯이 인간사 마음 속에 씨를 뿌리고 서로 부대끼는 관계 속에서 성숙되어야 하는 것인데 말입니다.

몇년 전 인도순례 길에서 그러한 문화의 원형에 좀더 가까이 다가갈 수 있었던 기억이 아직도 절절하던차 마침 그길을 두 번씩이나 더듬고 있는 이 글을 대함에 작가와의 속깊은 연(緣)이 결코 우연이 아니었음은 매우 기쁜 일입니다.

조금은 덜 고생스러울 수도 있는 겨울 인도를 마다하고 기어이 한여름을 택해 사서 고생(?)까지 하고 돌아왔을 때의 거지 중에 상거지꼴을 상상하면 지금도 웃음이 절로 납니다.

만해(卍海)는 그의 시집 「님의 침묵」 서문에서 '님만이 님이 아니라 기룬님은 다 님'이라고 했습니다.

꽃에는 봄이, 철학도에게는 학문이, 기독교인에게는 하느님이, 불자에게는 부처님이, 정치가에게는 권력이, 사업가에게는 재물이 각기 님이 될 수도 있다는 얘기겠지요.

그렇다면 이글은 어떤 님을 만나려고 했을까.

전문 직업꾼 못지않은 가족 배낭여행가로써 대륙을 허우적대며 건진 인도문화는 과연 무엇인지 궁금하지 않을 수 없습니다.

가난에 빠진 사바세계면 어떻고, 혼돈스러운 샤-먼의 세계면 어떠며, 종교의 바다인들 또 어떻습니까.

소위 장경에서 말하고 있는 화엄(華嚴)이란 세상의 모든 어려움과 더러움과 잡동사니를 남김없이 꽃으로 변화시키는 것이라 하였습니다. 그래서 연꽃의 진짜 얼굴을 일러 꽃이라고도 하고 진흙이라고도 하였습니다.

이 한 권의 책 속에서 '인도문화의 님'을 만나 화엄의 진리를 깨닿고 우리모두가 갖가지 형상의 꽃으로 장엄할 수 있기를 합장(合掌)합니다.

기묘년 추석절에
자은사 주지 靑雲

차 례

프롤로그

우리의 이야기를 읽기 전에 먼저 그리스신화를 읽었던 청소년기가 회상된다. 그것은 아마도 식민지를 겪은 곳에 만연한 자조의 뒤끝에서 도도히 불어닥친 서풍(西風)이 아니었나 싶다.

학교에서 배운 음악은 양악 위주였고 국어는 겨우 대학입시를 준비하기 위해 읽었을뿐, 그 시절 밤새운 것은 서양문학이 대부분이었다.

나침반을 발명한 것은 동양인이었지만, 아메리카 신대륙을 발견한 것은 유럽사람이었다는 사실도 우리에게 서양 콤플렉스를 자극시켰다.

그후 어느 날, 교수님으로부터 이런 이야기를 들을 수 있었다.

'개구리를 본 적이 있는 사람이 두꺼비를 만났을 때 그 사람이 먼저 생각하는건 눈앞의 두꺼비가 아니라 머리 속의 개구리라고……'

그때 무언가 뒤통수를 번쩍 때리고 지나간 건 바로 나의 것 우리 개구리의 존재였다.

아무리 서풍에 짓눌렸다 하더라도 결국은 낳고 자라며 숨쉬고 어루어 둔 우리의 개구리가 머리 속에 가득했음이라니.

그간에 다녀온 지구촌의 발길에서 재확인 한 것은 눈앞에 아른거리는 두꺼비를 보면서도 우리는 늘 머리 속의 개구리를 먼저 생각하고 있구나 하는 사실이다.

여행이란 떠남과 만남의 설레임에 앞서 자기 자신에 대한 끊임없는 재발견의 도전인즉, 어디론가 떠났음에도 결국은 제자리로 다시 돌아옴이요 그것은 자기의 정직한 모습과 아픈 상처로의 회귀다.

잠시 다른나라 사람들의 삶과 그 삶의 방식인 그들의 문화에 살며시 다가갔다 돌아왔을 따름인데 만약 그들을 어설피 비교하거나 평가한다면 그것은 수많은 삶과 역사가 일구어온 인류의 귀중한 자산을 훼손하는 폭력일 수도 있다.

마치 우리가 우리의 개구리를 잊을 수 없듯이 세계 곳곳의 그들 역시 결코 버릴 수 없는 자신만의 과거를 짐지고 있음이다.

해마다 여름방학 때를 이용하여 5대양 6대주를 향한 대륙횡단 일곱번째 도전은 겸손한 만남으로 인도의 삶 속에 깊숙이 한번 빠져보고 싶었을 뿐이다.

우리에게 있어 가장 오래된 인도의 흔적은 역사의 여명기인 2천년전까지 거슬러 올라간다.

가락국을 세운 수로왕의 왕비가 인도의 아요다라공주 였다고도 하고, 신라 제4대왕 탈해의 남방계설(說) 또한 그 일행이 인도에서 뱃길로 건너왔다고 전하기도 한다.

우리나라에 불교가 전래되고 그것이 삼국시대 정치, 사회, 문화의 핵심요소로 자리잡아가면서 인도는 우리들에게 친숙한 외국으로 자리잡았었다.

8세기 초 신라고승 혜초의 인도기행은 그러한 멀지않은 두나라 관계의 흔적이 아닐 수 없다.

이슬람 세력이 인도를 넘나들었던 중세 이후 우리쪽에서도 조선시대에는 불교가 세력을 잃어 양국을 이어줄 정신적인 끈이 사라진 때도 있었다.

그러나 인도의 시성(詩聖) 타고르가 한국을 「동방의 등불」로 찬미하면서부터 조용한 아침의 나라는 멀지만 가까운 나라 인도와 상당한 교역 상대국으로까지 자리 매김하고 있다.

달마대사는 벽을 마주하기 9년만에 도(道)도 깨우쳤다는데 나그네는 해마다 겪는 일이면서도 원고지를 마주하고 있노라면 며칠씩 백지일 때가 허다하다.

하지만 어쩌랴!

진정한 배낭여행의 끝자락은 반드시 글로써 마무리 지어놓는 게 정석이니 물에 빠진자 헤엄을 잘치거나 못치거나 목숨을 걸고 허우적대며 헤어낼 수밖에 없듯,

그렇게 써 내려갈 수밖에……

1

봄베이

코끼리 섬
인도 문(門)
시내 진입
뭄바이
간디 기념관
비폭력
불가촉민
뱃집
밤기차

코끼리 섬

오나가나 7월은 역시 무더운 계절.

간밤부터 웬 비가 이렇게도 억수일까

더위를 식혀준 건 고마웠으나 한치 앞을 분간할 수 없을 만큼 바람까지 동반하고 있어 이젠 원망스럽다.

들어올 때 방파제에서 우산을 날려보낸 터라 꼼짝없이 갇힌 몸이 된 코끼리 섬(Elephant Island).

지난 겨울, 여름인도를 준비하고 있을 때 경험있는 젊은 선배(?)들의 제일성은 "맙소사!"였다.

아니나 다를까 첫 만남으로 다가선 인도가 '너 잘 만났다'싶었는지 동서남북을 짚어보기조차 어렵게 풍우(風雨)로 발길을 꽁꽁 묶어놓는다.

평소 느긋해 보였던 유럽의 백팩커들도 입맛을 쩍쩍 다시며 곱지 않은 시선으로 바깥 하늘만 자꾸 흘긴다. 슬기로운 우리 조상님들은 '깔짐 넘어졌을 때 쉬어간다'고 했던가

'기왕지사 하늘의 조화인 것을……'하고

마음을 다잡으며 생각을 딴 데로 좇아본다.

이 섬은 왜 하필 코끼리섬이 됐을까?

본래는 '까라부리'라 불렀다는데 1534년 이곳에 상륙한 포르투갈 병사들이 사원 앞에 있던 코끼리상을 보고 까다로운 인도식 이름대

다행히도 장대비를 피할 수 있었던 코끼리섬 석굴사원 입구

신 별명 삼아 쉽게 불러본 것이 그냥 그렇게 굳어졌다고 한다.

문제의 그 코끼리상이 지금은 봄베이 시내 빅토리아 공원 박물관으로 옮겨져 있다니 믿어도 될 만한 이야기인 듯하다.

두 시간이 넘도록 서성거린 동굴사원은 거대한 바위산을 가만히 놓아둔 채 원하는 모양새만 남기고 필요없는 공간의 바위덩이를 모두 쪼아냄으로써 조성된 석굴로 웬만한 중고등학교 강당보다도 더 크다.

5백년에 걸쳐 만들어졌다는 설명이 이해되고도 남겠다.

어둠침침한 내부엔 아직도 여러 형상의 조각들이 많이 남아있었고 그중 시바(Shiva)와 부라마(Brahmin)와 비슈누(Vishnu)신이 함께 새겨진 세 얼굴의 트리무르티(Trimurti)상은 단연 압권이었다.

처음엔 한 몸에 머리 셋의 형상이 매우 괴이쩍고 이상하다는 생각뿐이었는데 보면 볼수록 생생한 사실감으로 다가온다.

트리무르티 말고도 다양한 석상들이 즐비했으나 모두가 너무 많이 부서져있음이 애처롭다.

춤추는 시바상은 그 육중한 곡선미의 다리 하나가 뚝 떨어져 나간 채 처참한 모습이다.

귀가 망가지고 코가 깨지고 어떤 건 눈동자까지 훼손됐는데도 그래도 신상(神像)의 자존심인가 자비로운 미소만은 잃지 않고 있어 다행이다.

침략자들이 사격 연습 대상으로 총을 쏘아댄 탓이라는데 참으로 안타깝고 아쉬운 마음에 기가막힐 뿐이다.

몹쓸 사람들, 어디에다 사격 연습할 곳이 없어 역사적 유물 앞에 총구를 들이댔단 말인가

그런저런 심성의 착한 마음 씀씀이가 하늘에 닿았는지 조금씩 비바람이 멎는다. 그렇담 이제 뱃길도 열리겠지?

인도 문(門)을 향한 10킬로미터 아라비아해(海)가 부디 순조롭기를 빈다.

그러나 저러나 신들이 저렇게도 너무 많으니 어느 신을 향해 빌어야 좋을지…….

인도 문(門)

인간의 존재는 강한 걸까 약한 걸까?

강할 땐 바위처럼 단단하지만, 어쩌다 약해지면 개울가의 이끼보다도 더 연약한 모양이다.

오늘의 뱃길이 꼭 그랬다.

불과 1시간 남짓 바다를 건너오면서 비바람이 오락가락 할 때마다 물에 빠진 생쥐꼴의 가슴이 누렇게 성난 파도 속으로 들락날락한다.

아까부터 손가락의 묵주반지를 열심히 돌리고 있는 파리지안느 할머니는 아마도 '성부와 성자와 성령께' 부디 오늘을 온전케 해달라고 비는 것 같다.

대부분의 여행자들이 선실 의자에 붙어앉아 꼼짝을 않는다.

수선스럽게 떠드는 사람도 없다.

인도라는 나라가 이렇게 조용 할리가 없다던데…….

9억이 넘는 인구, 1천5백여 종류의 각종 언어들 그리고 25개 주(State)와 델리 등 7개 연방 직할지역으로 구성된 이 나라의 총면적은 약 330만㎢에 남북의 길이가 3,300㎞요, 동서거리는 2,700㎞나 되고 있어 어림 잡아도 남한의 33배 만한 크기로 세계에서 일곱 번째 땅 큰 나라다.

북쪽으로는 중국, 네팔, 부탄과 세계의 지붕 히말라야를 따라 국경을 맞대고, 동방에는 방글라데시와 그 넘어 미얀마, 태국까지 접하면서 서쪽엔 긴 국경선을 그어놓고 아직도 가끔씩 분쟁을 일삼고 있는 파키스탄과 그 위쪽으로 아프가니스탄 건너 중앙아시아와도 파미르고원을 사이에 두고있는 나라 인도.

12억5천이 넘는 세계 최대의 중국인구에 맹렬히 육박하고 있는 인간의 숲 인도.

강력한 억제정책으로 인구 증가율이 감소 추세에 있다는 중국에 비해 해마다 2.5퍼센트의 꾸준한(?) 성장률을 보이고 있는 이 나라가 21세기로 넘어가면 지구상에서 인구 최다국가로 바뀔지도 모르는 나라.

인종면에서도 유럽계의 아리안으로부터 중앙아시아의 카시미리안, 포르투갈계의 고아인, 아프리카계의 께랄라인, 티베트계인 씨킴족, 게다가 우리와 비슷한 몽골리안계까지 가히 범 지구촌의 인종박람회장이 되고 있는 인도.

이제 그곳을 향한 뱃길을 마감하려는지 통통대던 기관소리마저 멈추고 조용하다.

시가지의 빌딩군이 병풍처럼 숲을 이룬 앞에 배가 반바퀴 돌면서 파리의 개선문과 비슷한 인도문(Gateway of India)에 맞닿는다.

1911년 영국의 죠지5세 부처가 이곳에 왔다 간 것을 기념하여 세웠다는 인도 문은 명실공히 바다를 통해 유럽과 연결하고 있는 이 나라 제1관문이다.

비록 식민지 시대의 가슴아픈 산물이기는 하지만…….

시내 진입

육지(광장)에 오르니 창을 거머쥐고 금방이라도 인도 문을 향해 달려나갈 것 같은 기마 동상이 첫눈에 든다.

저 유명한 마라타의 영웅 시바지(Shivaji) 장군상 이다. 그는 여기서 과히 멀지 않은 데칸고원 속 깊은 산중에 살았던 부족장으로 아프간계의 무굴제국이 2백여년간 이 나라를 유린했을 때 그에 대항하여 용감히 투쟁함으로써 힌두왕조의 자존심을 끝까지 지켜낸 영웅이다.

1658년 무굴제국 당시 인도를 이단의 나라로 규정하고 회교국으로 만들고자했던 아우랑제부왕의 통치 25년 동안은 가장 심한 충돌의 연속이었다.

심지어 같은 이슬람교도일지라도 계파가 다르면 가차없이 징벌했던 그의 최대 적은 바로 조그만 산중에 힌두왕조를 고수하며 맥을 잇고있던 시바지였다.

그런 무굴제국 치하에서도 끝내 정복되지 않았던 시바지는 그래서 오늘날까지 힌두권에 부동의 영웅으로 자리하고 있다.

장군상을 바라보고 있으려니 '어느 침략자라도 두 번 다시 이 땅에 발을 들여 놓았다간 결코 살아남지 못할 것'이라 외치고 있는 것만 같다.

마치 광화문 네거리의 이순신 장군상처럼…….

어느 나라 어느 곳이든 민족의 수호영웅은 세월이 아무리 흘러도

인도에서의 첫 만남, 거리 한복판의 우공(牛公)과 우리나라
SAMSUNG(삼성)그룹의 입간판.

청사에 길이 빛나고 있음은 다를 수가 없는 모양이다.

인도 문과 시바지 장군상을 오가며 잠깐 상념에 든 사이 어디선가 한 무리의 아이들이 우루루 몰려든다.

알아들을 수도 없는데 무언가 자꾸 설명하며 하나만 사라고 손을 내민다.

바이올린 비슷한걸 긁어대며 손가락 셋을 연신 펴 보이는 아이도 있고, 맨손으로 "완달라, 완달라"를 외쳐대는 가냘픈 소녀도 보인다.

그런 가운데 "딱시 - 딱시 - "하며 옷을 잡아끄는 택시운전수까지 끼어 들어 잠시 어지러웠던 순간 '아 - 인도구나, 이제 인도에 상륙한 거야!'를 실감하면서 도망치듯 버스에 올랐으나 아이들은 차창 밖에 까지 따라와 계속 아우성(?)이다.

안쓰럽고 애처로운 마음에 루피(Rs) 한 잎씩 나눠줄 요량으로 창문을 여는 순간 5, 6명이던 아이들이 금방 열명도 더 모여든다.

이럴 수도 저럴 수도 없는 당황함에 창문을 급히 닫았다. 다행히 버스가 바로 출발하여 안도는 하였으나 한푼도 못 준 미안함과 큰일날 뻔 했다는 또 다른 생각들이 왠지 허허롭다.

버스는 이내 시내로 흘러든다.

모든 자동차들이 서울과는 반대로 좌측통행을 하고 있다. 2층 버스도 지나고 택시와 오토릭샤도 많이 보인다.

어떤 차는 중앙선을 넘어 반대 차로를 쏜살같이 달리기도 하고 버스 사이에 아슬아슬 끼어 든 택시 하나는 제가 먼저 경적을 울리며 야단을 떤다.

서울의 교통질서는 차라리 양반(?)이라고 해줘야 할까보다.

그런 속에 벤츠와 캐딜락이 스쳐가고 그와 나란히 우리의 차 '시에로'와 '그랜저'가 눈에 번쩍 띈다.

KOREAN의 자존심과 함께 달리는 기분이 좌우간 괜찮다.

뭄바이

뭄바이는 인도식 이름이고, 영어로 표현하면 봄베이가 된다.

봄베이는 인구 1천만의 대도시로 이 나라에서 두 번째 크다.

본래는 7, 8개의 섬이 딸린 한적한 어촌이었으나 16세기 초 포르투갈 사람이 첫 상륙하면서 잠자고 있던 미지의 땅을 흔들어 깨운 곳이다.

1661년에는 포르투갈 공주가 영국왕실 찰스 2세에게 시집가면서 지참금조로 이곳의 관할권을 서로 주고받기까지 했었다는데

불과 300여 년 전 하멜이 우리나라 제주도에 표착했을 무렵의 일이다.

지금은 이 나라 최대의 경제중심 상업도시로 가장 오랜 역사와 전통의 증권시장이 있어 자랑거리가 되고 있다.

1861년부터 시작된 미국의 남북전쟁으로 텍사스 지방 목화농사가 연이어 폐농되자 세계시장에서 면(綿)부족사태가 발생했을 때 인도의 목화가 대신 각광을 받기 시작했고, 우연이지만 이에 때맞춰 수에즈(Suez)운하까지 개통되면서 아프리카 대륙의 희망봉을 돌지 않고도 인도양에서 아라비아해와 지중해, 대서양까지 뱃길이 열려 영국의 동인도 회사를 중심으로한 봄베이 무역상들이 폭발적인 호경기를 누리며 황금더미 위에 올라앉았던 얘기는 너무나 유명하다.

한 쪽에선 싸우고 다른 곳에선 장사하고 또 누구는 돈벌고…….

아라비아 해변의 인도 제1 관문 뭄바이(Bombay)

봄베이가 오늘의 모습으로 탈바꿈하게 된 계기가 바로 거기서부터 연유되고 있다니 행인지 불행인지 분간키 어려워진다.

경제와 정치와 민족과 나라의 명운이 참으로 복잡다단하게 얼켰던 곳.

어느 해인가 봄베이 시내 주요 빌딩들이 테러에 의해 폭파되면서 참혹한 대형 사고와 많은 희생자를 냈던 TV화면의 기억이 불과 5년 전 일이다.

우타르 종교분쟁에 대한 보복행위였다고는 하나 어찌됐건 그때의 참상들이 우리 모두를 섬뜩하게 만들었던 바로 그곳을 오늘은 이렇게 마음 편히 활보하고 있다.

제발 고래싸움에 새우등 터지는 일만은 없었으면 좋겠다.

아직 첫날이라 그런지 모든 게 새롭고 경이롭다.

거리거리마다 유럽풍을 뽐내고 있는 건물들과 공원들, 그런가 하면 난데없이 나타나는 맨발의 아이들과 소떼의 어슬렁거림들, 교통

체증이 유발됐으나 서둘지 않고 느긋해하는 저 사람들, 경적을 마구 눌러대던 조금전의 택시와는 도무지 비교되지 않는 상반의 모습들, 자꾸 헷갈리지만 이런 때일수록 모든 상황에 일단은 느긋해야 할 필요를 절감하고 있다.

괜히 허둥댔다간 무언가 나사 하나쯤 빠져 나가든지 돌아버릴지도 모를 일이기 때문이다.

오늘은 그냥 이렇게 편한 마음으로 어슬렁거려보는 거다.

인도, 참으로 천의 얼굴을 가진 곳이라 더니…….

돈이 뭐길래?

화폐의 종류 : 동전은 (1루피와 1, 2, 3, 5, 10, 20, 25, 50파이사)가 있고
지폐는 (1, 2, 5, 10, 20, 50, 100, 500루피)짜리가 있다.
1루피는 100파이사이다.
현지 돈 환전 : 법적으로 인정된 환전소는 없다.
은행, 호텔, 큰 식당, 큰 상점에서 가능하며
환전 영수증을 꼭 받아두는게 후일을 위해 좋다.
불랙마켓의 불법환전 유혹은 매우 위험하다.
통화의 가치 : 1루피(Rs)가 38원 정도라고 하여,
에게게……하는 마음 자세라면 큰일날 소리다.
근로자 일당은 100루피를 넘지 않고 있으며,
일반 봉급자 월급은 평균 2,000루피 내외 정도이다.
요주의 사항 : 인도 돈다발은 종이끈 대신 스태플러로 찍고 있다.
돈에 작은 구멍이 뚫린 건 괜찮으나
조금이라도 찢어진 것은 돈 취급이 안되고 있어
찢지도 말아야 하지만 찢긴돈은 절대 사절할 일이다.

간디 기념관

7월 19일 어제보다 조용한 아침이다.

주소 : #19 LABURNUM Rd, GAMDEVI MUMBAI 400-007
전화 : 388-6743~5, FAX : 388-6765

이는 1917년부터 1934년까지 '봄베이 간디운동 본부'로 사용됐던 마니바반의 주소다.

마하트마 간디의 외침으로 인도인들이 자유를 얻기 위해 싸웠던 그의 자택이 기념관으로 변한 곳이다.

거기서 그는 진리와 비폭력이라는 불멸의 이상에 기초한 국가의 틀을 만들었었다.

1919년 4월 6일 처음으로 자유를 위한 민중투쟁을 시작함으로써 영국의 지배기반을 흔들었던 것도 바로 여기서였다.

지금은 국립기념관으로 지정되어 신성시되고 있다.

아래층은 간디의 저서 외에 그의 생애와 사상 그리고 그것들에 관한 화제를 모은 책들이 학교 교실 만한 곳에 하나 가득찬 도서관이다.

나무계단으로 2층에 오르면 여러 자료와 유품, 사진들이 전시되어 있고 그가 쓰던 방이 당시 대로 보존되어 있다.

그가 거처했던 작은 방은 마치 깊은 산 속 수도승의 우거를 닮은

마니바반(MANI BHAVAN)
-간디기념관-

주소 : #19 LABURNUM RD. GAMDEVI MUMBAI 400 007

마니바반에 오신 것을 환영합니다.
여기는 1917년부터 1934년까지 봄베이 간디운동 본부로 사용되었으며 마하트마 간디의 지도 아래 인도인들이 자유를 획득하기 위해 싸운 것을 기념하기 위한 곳입니다.
이곳에서 간디는 진리와 비폭력이라는 불멸의 이상에 기초한 국가를 만들어 갔습니다.
1919년 4월6일 간디가 처음으로 자유를 획득하기 위한 민중 투쟁을 시작해 영국 식민지 지배의 기반을 흔들었던 것도 바로 이곳이었습니다. 간디의 마니바반 체재 중에는 국가의 운명이 좌우된 중요한 결정도 행해졌습니다.
이 신성한 건물은 현재 국립 기념관으로 지정되었습니다.
1층에는 간디의 저서 외에 그의 생애와 사상 그리고 그것들에 관한 화제를 모은 책들이 비치된 도서관이 있습니다.
2층에는 간디가 사용했던 방이 그 당시대로 보존되어 있습니다.
간디가 처음 실 짜는 법을 배운 것도 그리고 그가 병들었을 때 처음으로 양젖을 마신 것도 이방에서 였습니다. 그리고 벽에는 간디의 생애를 한 눈에 알 수 있도록 여러 가지 사진이 전시되어 있습니다.
1932년 1월4일 새벽,이곳에서 간디는 언제나처럼 잠자고 일어나 아침기도를 하던 중 체포되었습니다.
이처럼 마니바반에는 인도의 아버지를 기념하는 많은 것들로 가득 차 있습니다.

Typed by the Consulate General of Korea in Mumbai
Kanchanjunga Bldg.,9th Floor, 72, Peddar Road, Mumbai 400 026
TEL : 388-6743/44/45. FAX : 388-6765

첫눈에 반가웠던 우리말로 인쇄된 한글안내문

듯 너무 조촐하다. 앉았던 깔개, 기댈 수 있는 부대, 벽에 걸린 옷 한 벌, 앉은뱅이 나무책상, 실 뽑는 물래, 샌들 두 켤레, 출입문 옆에 세워둔 지팡이 하나, 읽다만 책과 염주 등. 그것이 살아생전 그가

비폭력의 산실을 견학온 인도 육군군사학교 여학생들이 전혀 해맑은 미소로 잡담하고 있다.

지녔던 생활 소유물의 전부라고 설명한다.

그 중 3마리의 원숭이 상은 매우 눈에 익은 모습으로 눈가리고 입 다물고 귀막은 장난감이 아닌가.

매사에 조심하라는 교훈으로 원숭이 상을 늘 책상 앞에 놓아두고 바라보았을 선생의 그때 그 심정을 조금은 짐작할 것도 같다.

건너방엔 웃옷을 벗은 채 소금행진을 하고있는 간디 초상도 있고 새까만 석고 흉상이 실물처럼 모셔져 있다.

더욱 특이했던 건 78년의 생애를 사건 별로 일일이 흉내내어 인형극을 하듯 나이 순에 따라 구성해 놓은 전시실이 조금은 촌스럽고 조잡스러운 감은 없지 않았으나 선생의 위대한 일생을 시각적으로 한 눈에 보면서 쉽게 이해할 수 있도록 배려한 정성이 놀랍다.

'기도는 목소리가 아닙니다. 진실 없는 말은 아무런 의미가 없습니다.'라는 팻말에 기대어 생각에 잠긴 모습이라든가 민중의 환호 속에 둘러 쌓여 성자가 설법하듯 인도 국민을 향해 조용히 독립의 의지를 외치고 있는 자태가 너무나 사실적이다.

작지만 큰 것이 무엇인가를 웅변하기에 전혀 부족함이 없다.

힌두와 회교 사이 종파 대립으로 끝내 하나 되지 못하고 갈라서게 된 국운의 배경에서 그의 말년은 마음 편할 날 없이 무척 괴로웠을 거라는 생각이 금방이라도 묻어날 것만 같다.

그가 처음 실 뽑는 법을 배운 곳도, 병들었을 때 할 수 없이 양젖을 입에 댄 곳도, 그리고 1932년 1월 4일 새벽 언제나처럼 잠자고 일어나 아침 기도를 하던 중 영국군에 체포되었던 역사의 현장도, 모두 이곳 마니바반이다.

단순히 죽이지 않는다는 것만으로 비폭력의
이념이 성취되는 것은 아닙니다.
비폭력은 사랑의 얼굴입니다.
조그만 미물에서 만물의 영장인 사람에
이르기까지 모든 삶에 공평한 것은 사랑의
법칙입니다.

그가 남긴 어록 중엔 이같은 글귀도 있었다.

비폭력

몇 십년동안 아니 일생을 바쳐 비폭력을 외치고 실천했던 간디의 삶이 결국은 1948년 1월 한 힌두교 광신자가 저지른 폭력에 의해 막을 내렸다는 건 참으로 아이러니컬한 사건이다.

간디하면 비폭력이요, 비폭력 하면 간디를 떠올릴 만큼 우리의 뇌리엔 그렇게 각인돼 있지 않은가.

하지만, 그 이념의 원천은 훨씬 옛날로 거슬러 올라가 기원 전의 불교나 자이나교에 연하고 있음을 볼 수 있다.

이 세상 삼라만상은 한줄기 생명으로부터 윤회사상에 의해 환생하는 것이므로 하나같이 소중할 수밖에 없음을 그들은 일찍부터 가르쳐 왔다.

그뿐 아니라 폭력이 맹위를 떨쳤던 피바람의 역사 속에서 얻어진 또 다른 산물이라고도 이들은 말하고 있다.

먼 옛날, 이 땅은 마우리아 왕국이었고 저 유명한 아쇼카 대왕이 다스리던 시절, 그는 정복자로서의 기개를 만천하에 떨쳤던 바 엄청난 폭력과 피를 동반했었다. 그때로선 상상키 어려운 10만의 전쟁포로를 이끌고 적진에서 돌아온 개선장군이었지만 너무 큰 성취후의 허탈이었을까

아쇼카왕은 많은 고뇌와 말할 수 없는 죄책감에 빠졌고 새삼스레 깨우친 첫사랑의 순애보에 항심(恒心)을 되찾아 불교에 귀의하면서 비폭력의 이치를 실천함으로써 세상을 두 번 놀라게 하고 있다.

그토록 불구대천의 원수였던 이웃나라와도 화친사절을 보냄으로

간디기념관 내부. 간디의 일생을 쉽게 알 수 있도록 자세히 설명하고 있다.

창, 칼 대신 비폭력으로 쌍방에 승리를 안겨주었으니까……. 더 나아가 동물에 대한 살생도 금지토록 명하여 평생을 즐겨온 사냥까지 거두었다고 한다. 참으로 이리 보나 저리 보나 대단히 용감(?)한 결행이 아닐 수 없다.

이솝우화 속의 '햇님과 바람'같은 이야기를 여기서 듣는다.

우리나라가 1919년 기미독립만세를 외치고 있을 때 이 땅에서도 그와 비슷한 일이 있었다.

비폭력의 힘없는 민중을 향해 영국의 디에르 장군이 무차별 사격을 가하여 수백 수천의 무고한 인명이 피를 흘렸으나 이로써 민족운동이 더욱 공고해졌음은 역사의 심판이 아니었던가

그가 외쳤던 한마디,

"비폭력이 지닌 가장 큰 힘은 도덕적 우위다"

한번 더 곱씹어 볼 말이다.

불가촉민

불가촉민(不可觸民)이란 우리가 붙인 용어다.

이 사람들의 말로는 '아추트'이고 영어로는 '언터쳐블'이다. 직역하면 접촉할 수 없는 백성 혹은 접촉해서는 안되는 사람쯤으로 해석된다. 하늘 아래 귀한 존재요, 만인이 똑같은게 인간이련만 접촉하면 부정탄다고 사람을 따로 떼어 취급한다니 이게 어찌된 영문일까. 중세 노예시대로 되돌아갔단 말인가

그러나 그것은 사실이고 공동 빨래터에서 일하는 사람이 바로 그들이라는데 참으로 궁금치 않을 수 없게 됐다.

시내버스로 35분! 과히 먼 거리의 외곽은 아니었다.

대로변 큰길은 포장된 4차선에 버스, 택시, 오토릭샤 등 교통이 매우 혼잡하다.

오가는 인파 속에서 장사하는 사람들이 옥수수와 바나나도 팔고 기념품과 그림엽서를 늘어놓고 여행객을 잡아끈다. 온갖 이름 모를 과일들도 리어커에 실려 한몫하고 있는 모습이 남대문 시장통 같은 분위기다. 다른 거리에서 보다 유난스레 외국인이 많았던건 다름 아닌 공동 빨래터가 거기 있었기 때문이다.

도로보다 5, 6미터쯤 낮은 곳에 학교 운동장 만한 크기로 넓게 자리하고 있는 집단 작업장이 한눈에 금방 들어온다.

물길이 직선으로 쭉쭉 뻗은 좌우로 마치 1, 2, 3, 4, 5…를 일련번

불가촉민들이 거주하면서 생업을 영위하고 있는 공동 빨래터

호로 부여해놓은 것처럼 칸칸이 막아놓은 곳에서 빨래거리를 어깨 너머로 빙빙 돌리며 콘크리트 바닥에 후려치고 있다.

웃통을 벗은 남자들은 여기저기서 "툭탁툭탁" 마치 시골마당에서 보리타작하던 농부들이 도리깨질 하듯 빨래를 휘둘러댔고 사리를 대충 걸친 여자들은 그같은 빨래를 모아 건너편 빨래줄에 계속 널고 있다. 미안한 표현이지만 훨훨 바람타고 펄럭이는 빨래들의 너울거림은 차라리 한 폭의 그림이었다.

냄새 나고 땀에 전 빨래가 그들의 손으로 저렇게 새하얀 천사의 날개짓을 하고 있건만 그 귀한 어미와 아비들을 아니 거기서 태어난 아이들까지를 몽땅 불가촉민으로 취급하고 있다니 웬일일까. 이름하여 '카스트'란 계급사회의 잔재 앞에 그냥 멍 - 해질 뿐이다.

종교의례를 전문으로 담당했던 부라만(사제, 학자)과 군사와 정치를 맡았던 크샤트리아(왕족, 무사), 그리고 상업에 종사한 바이샤(상인)와 농·공인이었던 수드라로 인간의 등급이 나뉘어져 계급사회를

군중예술가들의 퍼포먼스같은 빨래 널이

형성 유지해왔던 카스트 제도는 그것도 모자라 그 안에 수십 수백 가지로 또 세분되었다니 알다가도 모를 일이다.

여기에 제5의 신분(?)이라 할 수 있는 아니, 감히 신분 축에도 끼지 못하는 처지의 사람들이 있었으니 그들이 곧 위의 사람들과 접촉해서는 아니 된다고 금기시된 불가촉민이란다. 그러나 세상이 변하면서 1947년 인도독립후 신헌법에 의해 인간 차별을 금지토록 선포함으로써 법적으로는 폐지된지 오래지만 아직도 이들의 인습 속엔 저렇게 거짓말처럼 존재하고 있음이 참으로 믿기지 않는다.

말도 안되는 얘기지만 카스트의 위계는 그 옛날 순수와 오염을 기준으로 하여 나누었다고 전한다. 즉, 청정성의 여하에 따라 죽음이나 배설에 관계되는 일에 종사하는 사람으로 시체를 다루거나, 가죽을 만지거나, 변을 치는 사람과 빨래를 하는 사람들을 불가촉민으로 분류했으며 예외이긴 하나 전쟁에서 잡혀온 포로들도 이에 속했다고 한다.

최근에 일어난 에피소드 같은 뉴스 한 토막으로 도시 상수도 공사장에서 있었던 일인데 같은 수도관으로 흐르는 물을 불가촉민과 함께 먹을 수 없다 하여 바이샤와 수드라들이 공사반대 데모를 벌였다는데 도대체 변을 안치우고 빨래를 안해주면 부라만이 아니라 황제요 황후인들 무슨 재주로 깨끗한 척 품위 있게 행세할 수 있을까

오히려 고마움에 감사해야 할 일을 가지고 데모(?)까지 하다니…….

저 건너에서 너울너울 춤추고 있는 새하얀 세탁물은 누구의 것이며 저 아래 빨래터의 시커먼 땟국물은 누구의 것이란 말인가.

인도의 발길이 점점 힘들어 지려나 보다.

꼭 필요한 인도어 한마디

한국인 Koreani	말하다 bolna
남자 mard	듣다 suna
여자 aurat	자다 sona
소년 larka	깨다 uthna
소녀 larhki	먹다 khana
이름 nam	마시다 pina
직업 kam	원하다 chahna
경찰 sipahi	가다 jana
식당 restran	오다 ana
계산 hisab	주다 dena
잔돈 rezgari	쥬스 ras
홍차 shaye	물 pani
커피 kaufi	술 madira
맥주 biyar	

뱃집

바다는 보이지 않았으나 그곳은 분명 해변가였던 것 같다. 왜냐하면 올망졸망한 고기잡이 배들이 나란히 뭍에 올라와 있었으니까.

그런데 이상하게도 거기 줄지어 늘어서 있는 배에는 천막 비슷한 것으로 모두 하늘을 가리고 있었다. 얼핏보기에 텐트였는가 했으나 가까이 가보니 너럴너럴한 헝겁들을 이어 강한 햇빛을 겨우 가리고 있다. 그리고 밖에는 솥인지 냄비인지 그런게 걸려 있었고 거기엔 아주머니와 아이들이 앉아 있었다.

배는 그들의 집이었고, 냄비 하나는 그 집의 부엌이었다.

조금 더 가까이 다가갔을 때 나와 눈이 마주친 까맣고 조그만 아이가 자기의 손을 내게 내밀었다가 자기 입에 갖다 대는 시늉을 자꾸 반복한다.

먹을 것을 주든지 그걸 사도록 돈을 달라는 몸짓임은 누구의 설명 없이도 금방 알 수 있을 것 같다.

조금 더 다가갔더니 아이의 눈망울이 훨씬 더 커지면서 무엇이라고 소리를 지르자 배(집안)에 있던 노파와 어떤 남자(아버지인 듯한)가 빼꼼히 내다보며 아이와 똑 같은 손동작을 해 보인다. 어느 결인가 냄비 옆에 앉아있던 여자(어머니인 듯한)와 개 한 마리까지 바짝 다가와 있다. 내친 김에 뱃속이 궁금하여 살짝 들여다보았다.

아뿔싸! 차라리 보지나 말 것을…….

양재기를 든 박시시(적선)의 남녀노소가 사원문 밖에서 보시(?)를 기다리고 있다.

집안(?)엔 또 하나의 어린아이가 아무 것도 걸치지 않은 채 누워 있었다. 아니 시커멓던 알몸과 파란빛이었던 옆얼굴과 발가락조차 꼼짝않고 축쳐진 모습이 아마도 죽은 아이인 것만 같아 보였다.

설마 그렇지는 않았겠지만 어찌 산자에게 파리가 그토록 많이 붙어 있었을까?

먹을게 없어 아이가 죽어간다던 이야기는 아프리카나 최근의 북한 동포들 이야기쯤으로 여겼었는데 여기서 그 현장을 목격하다니 너무나 당혹스럽다.

아이가 먹지 못해 축처져 있는데 그 아비와 어미는 왜 앉아만 있는걸까. 아마도 그들의 가난을 구해줄 수 있는건 이땅 어디에도 없다는 걸 알고있는 것일까

어렵사리 구걸로 들어온 것이 있다면 그것은 움직이는 자의 몫이고 이미 거동이 멈춘 아이에게는 낭비(?)라고 생각하는 것일까.

너무나 태연자약한 어른의 표정이 어이없게도 그런 생각까지 들

도록 만든다. 약간 그을리긴 했으나 아무 것도 없는 냄비에 붙어있던 파리가 "앵-앵-"대더니 팔뚝, 손가락, 얼굴, 안경테, 심지어 입술에까지 무차별 덤빈다. 고개를 흔들어선 어림없는 일이고 기어이 손으로 젓고 쓸어내서야 날아간다.

일어나면서 호주머니에 손을 넣자 그들 모두의 눈빛이 한층 빛나는 것 같다. 아주머니는 금새라도 달려들 자세다.

몇 루피(Rs)쯤 건네주면 이들에게 도움이 될까. 야속하게도 잠시 그런 생각을 해 본다.

결국 어른 둘에게 10루피씩(상점에서 파는 물1병값 정도) 그리고 아이에겐 5루피를 주었다.

마치 먹이를 채수르듯 받아 챙기는 그들의 손이 나를 또 한번 어리둥절하게 만든다.

……중략……

실제로 우리는 그 사람들을 온몸으로 대하고 있습니다. 우리가 먹여주고 있는 그들은 배고픈 주님이요, 옷을 줘야할 사람은 벌거숭이 그리스도이고 잠잘 곳이 없어 헤매는 자는 집 없는 예수입니다.

……하략……

이 땅에서 오직 저들을 위해 살다가 87세를 일기로 타계한 성녀(聖女) 마더 테레사 수녀가 생전에 어느 인터뷰에서 했던 이야기다.

밤기차

우리는 오늘밤 봄베이를 떠난다.

기차에서 하룻밤 신세지고 나면 내일 새벽 5시 맘마드에 닿고 거기서 버스편으로 여명을 밝히며 아우랑가바드까지 더 가야할 일정이다. 웬만한 정보는 글과 사진으로 익히 보아온 터라 이미 짐작된 여정이건만 참으로 어수선하고 혼란스럽기까지 한 어제와 오늘이다.

벌써 지친대서야 말도 안되는 여행 초입에서 그러나 조금 쉬고 싶은 생각만이 가득 밀려온다.

밤 11시 떠나기 전까지 만이라도 심신을 편이하고 싶어 바닷가로 나갔다. 넘실대는 아라비아해에 금방 목이 잠기려는 황혼을 마주하며 마린 드라이브 해변에 앉아본다.

해안선이 활등처럼 굽이돌아 아늑하고 아름답다.

해는 금방 바그다드의 왕자를 찾아 서녘으로 떠나버리고 가로등에 불이 들어오기 시작한다. 과연 '여왕의 목걸이'라는 별명처럼 수은등이 영롱한 보석알처럼 무수히 반짝이며 제멋을 뽐낸다.

아름다움이란 사람들에게 마음의 향기를 머금게 해주어 좋다.

해진 저녁인데도 끈적끈적하고 후텁지근하여 자꾸 목이 탄다.

이럴 땐 코코넛 야자열매수(水)를 사먹는게 제격이다.

통째 들고 빨대로 빨아먹는 폼이 조금은 양반스럽지 못하지만 지금은 반·상이 문제가 아니다. 10시가 넘어서야 속이 조금 가라앉는

우리네 추석명절 귀성객보다도 더 많은 인파로 들끓는 센트럴 역 대합실

다. 어느새 떠날 시간인가 보다.

이 나라는 철로 총 길이가 6만2천3백㎞나 되는 철도왕국이다.

전국에 2천여개 역이 있으며 이에 종사하는 1백6십5만명의 직원들이 어제도 오늘도 불철주야 1만 2천대의 기차에 매일 2천만명이 넘는 승객들을 어딘가로 이동시키고 있다.

맘마드행을 타려면 센트럴 역으로 가야 한다.

역 대합실에 몰려든 이 어마어마한 사람들, 어디서 오고 또 어디로 가려는지 무엇이 이들을 저토록 이동시키고 있는지 추석 귀성인파의 서울역은 아예 축에도 못낄 정도다.

짐을 들어주겠다는 사람은 왜그리 많았으며 물건을 사라는 사람과 아예 빈손으로 한푼을 원하는 남녀노소는 또 왜 그리 많았던지…….

인간의 숲을 겨우겨우 헤치며 전진 또 전진 해당 열차까지 물어물어 찾아간 길은 차라리 성자의 고행이었다.

가까스로 예약된 열차를 찾아낸 환희(?)도 잠깐 난데없이 "Hello excuse me sir, please some water"하는게 아닌가 깜짝놀라 시선을 돌리니 열살이나 됐을까 말까한 소년이 물병을 불쑥 내민다. 영문법에 관계없이 이는 보나마나 물 한 병을 사달라는 얘기다. 비록 맨발이긴 마찬가지였지만 웃옷이라도 하나 걸치고 인도식 영어를 구사할 줄 아는 이 아이에게 "No"라는 말이 차마 입에서 나오질 않는다.

그래 "O.K"다.

지금이야 돈만 있으면 누구라도 어느 기차든 탈수 있지만 독립전이 나라엔 아무리 돈이 많아도 인도인은 1등칸이나 침대차를 이용할 수 없었던 아픈 과거사가 있었다.

한번은 영국까지 유학가 당당히 변호사가 되어 돌아온 인도 청년이 1등칸에 들어갔다가 영어 알파벳도 모르는 영국군 졸병들에 의해 열차 밖으로 내던져졌던 사건도 있었다.

객차 내부는 의자 위로 두 개의 침대를 조작하면 금방 3층 침실로 변하는 구조였다.

칸칸이 막히지 않았기 때문에 여럿이 잘때면 억지로라도 누워서 잠을 청할 수밖에 없는 오픈식이다.

애써 잠이 들만하면 "챠이 - 챠이, 까피 - 까피"를 외치며 시도 때도 없이 지나는 장사꾼이 선잠을 흔들어 버린다.

차라리 작년 가을의 그 지긋지긋했던 시베리아 횡단 열차가 그립다. 그땐 적막함 속에 주체할 수 없이 많았던 잠자는 시간이 문제였으니까.

2

아잔타

동트는 새벽길

겨우겨우 한잠이 막 들었던 것 같은데 꿈속에서 놀라 선잠을 깨고 보니 5시 15분전, 이제 15분 후면 맘마드에 도착이다.

간밤엔 꽤나 수선스러웠던 기차였는데 어찌된 영문인지 쥐죽은 듯 조용하다.

스프링에 튕기듯 반사적으로 일어나 아무리 눈을 비벼 보았지만 어디에도 사람들은 보이지 않는다. 텅빈 침대와 의자가 클로즈업되는 순간 머리카락이 쭈삣 땡긴다.

졸음은 천리만리 도망갔고 0.5초의 C.P.X실력으로 앞배낭 뒷배낭에 안경을 챙겨 육탄돌격 복도문을 박찼다.

아 - 다행히도 사람들이 거기 몰려 있어 내릴 차비를 하고 있지 않은가

오직 한마디 '제발! 시험에 들지 말게 하옵시고……' 중얼대는 순간 기차는 금새 멈추고 모두가 내린 맘마드는 아직도 여명이 밝지 않은 어둠 속이다.

플랫폼의 붉으스레한 등불 따라 대합실로 들어서는 순간 앗! 이게 웬일일까, 사람의 시체가 한가득 즐비하게 널부러져 있질 않는가! 전쟁영화에서나 가끔씩 보았던 시신의 행열처럼 그 사람들은 그렇게 자고 있었다.

차마 발을 내딛기조차 불편할 만큼 그곳 맨바닥엔 아무렇게나 축

새벽 역광장에서 처음 맛본 챠이 한잔, 경로효행(?)도 함께 하며…….

축 늘어진 사람들로 가득하다.

찬물을 끼얹은 듯 숨소리도 없고 뒤척이는 몸동작도 없다.

세상에나 여기에 또 다른 인도가 있구나 싶다.

아직 깜깜했지만 차라리 밖으로 나가 있는 편이 속도 마음도 편할 것 같다.

세상은 온통 까맣고 열차 떠난 빈 역은 적막강산이다.

그렇게 더웠던 어제의 봄베이였는데 반바지에 남방셔츠 차림으로 겁없이 달려온 데칸고원의 새벽은 싸늘하다 못해 약간 춥다.

희미한 불빛을 쫓아 역광장 우측 코너쪽으로 사람들이 무리지어 발걸음을 옮긴다. 영문도 모르면서 같이 따라 흐른다.

그곳은 별것도 아닌 챠이(茶)파는 리어커였다.

이 사람들이 시도 때도 없이 마시는 챠이, 거리며 공원이며 골목에서까지 조금만 옮겼다하면 도처에서 만났던 챠이 파는 사람들이었으나 웬지 불결해 보이기도 하고 느늑한 냄새가 나는것도 같아 아직 입에 대본 일이 없는 챠이.

그런데도 지금 이 순간은 왜 이리 기쁘고 고맙기까지 할까

소주잔처럼 조그만 유리컵 속의 아주 따끈한 갈색 챠이!

홍차도 아닌, 커피도 아닌, 우유도 아닌, 바로 그 중간의 맛, 인도 챠이와의 첫 만남이 이렇게 황홀(?)할 수가…….

여기 뜨거운 챠이 속에서 인도를 또 만난다.

"부릉 - 부릉 - 덜, 덜, 덜" 기다리던 버스가 왔다.

챠이 한잔에 원기를 회복한 승리의 전사처럼 다시 배낭을 짊어진다.

버스는 역광장을 빠져나와 어둠속을 달린다. 운전사의 하얀 어깨 넘어 차창밖으로 해가 솟으려는지 붉은 빛이 감돈다.

그렇다면 우리는 지금 동쪽으로 가고 있다는 얘기가 된다.

우공(牛公)

까만 밤, 그 넘어 지평선이 빨갛게 물들며 7월 20일 월요일 아침의 새날이 밝아온다. 어슴푸레한 들녘은 좌우간 모두 지평선일 뿐 크나 작으나 산그림자는 아무 데도 보이지 않는다.

아직 햇살이 퍼지기 전의 새벽공기가 덜덜대는 유리창 틈새로 찬바람을 솔솔 끌어들인다. 배낭에서 윈드파카를 꺼내 뒤집어 썼으나 그래도 어설프다. 현지인들은 모포를 둘둘 말더니 주로 뒷좌석으로 가 길게 눕는다. 아우랑가바드까지 3시간 반이나 걸린다는데 매우 탁월한 저들의 선택이 부럽다.

반쯤 감긴 눈을 몇 번 껌뻑이는 사이 동녘 하늘이 환해지는 걸 보면 태평양을 건너온 햇님이 우리나라 대한민국을 깨우고 실크로드 따라 서진(西進)하고는 지금 이 시간 고이 잠든 인도대륙을 흔들어 깨우고 있다.

차창 밖 아침풍경이 모두가 생경스럽다. 인도의 자연, 인도의 산야, 인도의 농촌, 그 사잇길로 덜덜이 우리 버스는 잘도 달린다. 여름날 이른 아침의 안개꽃이 피었다간 사라지고 이내 또 피어오르곤 한다.

차가 갑자기 속력을 줄이더니 그대로 멈춰선다.

아직 쉴 시간이 분명 아니고 보면 무슨 사고라도 난 것일까, 아니면 고장일까?

어디로 가고 있는지 그것이 알고 싶었던 두 여인과 양떼들.

괜히 궁금하여 허리를 고추 세웠더니 운전석 앞으로 웬 소떼들이 한 무리 행진하고 있다. 거무스레한 소들이 대충 1백마리는 되는 듯 한참을 지나간다. 이어 귀털이 수북한 양들도 20, 30마리가 무리져 뒤따른다.

카메라 셔터를 들이대건 말건 군자대로행의 본때라도 보이려는 듯 그냥 그렇게 어슬렁거린다.

소떼들도 아침 풀을 뜯으러 가는 출근길인 모양이다.

'저놈들 때문에 우리 차가 못 가다니……' 그렇게 생각하고 나니 하늘에서 '아니 어디다 대고 이놈 저놈 하시오' 꼭 그러는 것 같다.

'그럼 소떼가 저놈이지 저 양반일까?'

'큰일날 소리 마시오, 소님(?)하든지 우공(?)해야지'

'원 제기랄, 그렇담 똥이나 싸지 말든지……'

'똥이라니요, 그것은 거시기 연료에 건자재요!'

'뭐요? 연료란 소리는 들어봤지만 건자재라니……'

'인도인들은 그거 없으면 집도 못 짓습니다. 그 뿐입니까 어디, 그

림도 그릴 수 없지요'

'아니, 그림이라니…… 니는 예술에다 똥 칠할끼고'

'모든 벽화의 밑바탕엔 거시기 그걸 발라야 된다니깐요'

'맙소사 - '

'어서 우공(牛公)께 불경을 고하시요'

'……'

'시바신이 노하기 전에 빨리 회개(?)하는 편이 좋을꺼요'

'……'

꼭 그렇게 누군가가 대답이라도 하는 양 환청이 들린다.

그랬다. 우공은 옛날 옛적 시바신을 등에 모시고 다녔다고 한다.

시바신이 누구인가 힌두의 어버이가 아니던가

하룻길을 시작하려니 이런 꼴(?)도 있구나 싶다.

데칸고원은 이 나라의 중부와 남부를 가르고 있는 어마어마한 뜰이다. 암반이 많은 관계로 땅은 메마르고 낮은 돌산은 회색을 띠고 있다.

기원전 인도대륙에 정착했던 아리안족도 지형이 험하여 이곳까지는 침범하지 못했다고 한다.

7세기경 실크로드 건너 시바지 장군의 고향 '마라타'를 방문했던 당나라 현장스님은 이 지방 사람들이 참으로 용기 있고 의협심이 강하다고 극찬했다는데 영국 식민지 시대에도 가장 치열한 독립투쟁을 벌였다고 한다.

저만큼에서 호박 만한 항아리를 머리에 인 두 여인이 나란히 다가온다. 여자들은 양들을 앞세워 어디로 가고 있을까?

오두막 하나 보이지 않는 광막한 고원에서 사리(Sari)를 펄렁이며 걷고 있는 이방의 여인들이 너무나 시(詩)적이다.

무언가 강렬한 울렁거림이 가슴을 콩콩 두드린다.

아 - 인도가 거기에 또 있구나!

엘로라

오늘날 인류의 문화유산으로 소중히 보존되고 있는 역사적 유물들은 대부분이 돌로 남아 있다.

이집트의 피라미드를 비롯해 아테네의 페르타논 신전, 로마제국의 포로 로마노, 캄보디아의 앙코르왓트, 중국 실크로드쪽 막고굴, 잉카의 마츄피츄, 경주 토함산의 석굴암 등 모두가 돌을 깎고 돌에 새긴 석조물들이다.

처음에는 바위산에서 돌을 캐내어 다듬고 깎아서 원하는 모양을 만들었다. 그러나 어느 때부터인가 인간의 무한한 상상과 창의력을 과시하고 초능력을 시험이라도 하듯 돌산 자체를 가만히 놓아둔 채, 음각하듯 한 치 두 치 파고 들어가며 필요없는 돌을 쪼아 냄으로써 남겨진 부분이 하나의 사원이 되고 신상으로 남아 예술적 작품에 이른 놀라움이 생겨나기 시작했다. 그런 발상의 대전환으로 거대한 암산(岩山)이 변하여 찬란한 종교 문화유산으로 보존된 곳, 엘로라 동굴군(Ellora Caves)은 바로 그런 곳이었다.

아우랑가바드에서 시골길로 29㎞를 더 달려간 곳에 34개의 동굴 사원이 야트막한 언덕배기에 2㎞나 펼쳐져 있다.

이 나라의 3대종교라 할 수 있는 불교, 힌두교, 자이나교의 석굴 사원들이 제각기 그 시대에 따라 최고의 신기(神技)를 뽐내고 있어 마치 종교 박람회장에 온 듯한 기분이 든다.

속돼지 않은 육감적인 모습의 미투나

맨 오른쪽부터 불교석굴이 1번굴에서 12번굴까지 조성돼있고 이어 6~9세기경에 만들어진 힌두교 석굴은 13굴에서 29굴까지다. 끝으로 30굴에서 34굴은 8~11세기 동안 자이나 교도들이 파놓은 유적이다. 불교석굴 중 10굴 외엔 모두가 승려들이 거주하면서 예불했던 공간으로 비하라식을 취하고 있다.

요즘 사찰로 비교하면 요사채였다고나 할까

그래서 그런지 그곳엔 사람이 살았던 일상생활의 흔적이 여기저기서 묻어난다.

특히 5번굴은 넓이가 35.6m에 길이가 17m나 되는 엘로라 최대의 비하라식 석굴로 24개의 기둥이 떠받쳐진 안쪽 감실에는 부처님 좌상과 관음보살, 다라보살, 미륵보살 등이 가득하다.

석굴 안에는 조명시설이 전혀 없어 구석구석을 자세히 관찰하기가 쉽지 않았으나 마침 굴입구에서 알루미늄판으로 햇빛을 반사시켜 안을 살펴볼 수 있도록 수고하고 있는 봉사자들이 있어 다행이었다. 문전에서 주어진 일을 묵묵히 수행하고 있던 봉사자들은 조금 추레한 행색의 노인들이었다.

그들은 비록 누추했지만 신이 정해준 운명의 길인 양 아무런 저항없이 그 일을 수행하고 있는 모습이 성자연(?)하다.

이럴 때 꼭 필요한 것은 기분좋은 박시시(Baksheesh)다.

일단은 불교와 힌두와 자이나교로 구역이 대별되고 있기는 하나 서로 다른 자기 색깔만을 고집하지 않고 불상을 중심으로 힌두신이 함께 있는가 하면 불타를 천지창조의 주역인 힌두신으로 숭배 해놓은 경우도 있어 조금 어리둥절하다.

'부처와 힌두의 평화적 공존인가?'

더 깊숙이 들어가 볼 일이다.

NON PLUS ULTRA

힌두교의 영향을 가장 많이 받은 불교석굴은 여섯번째였다.

석굴 입구엔 엉뚱하게도 힌두의 야무나와 강가여신이 얌전하게 새겨져 있다.

부처님 제단의 좌불상 옆에서도 힌두의 여신 사라스바티를 만날 수 있었으니 마치 그 옛날 신들이 어울려 함께 살았다던 '헬레니즘 시대'의 형상을 보는 것 같다.

인도에서의 불교는 결코 혼자만으로 존재하지 않았단 말일까

종교의 나라, 신들의 나라에서 인도의 과거와 현재와 미래를 잠시 엿보게 하고 있다.

처음 시작굴은 모양도 작고 밋밋하더니 차츰차츰 제법 규모도 크고 일정한 규격을 갖추고 있다. 그러나 저러나 이 넓은 공간의 돌들을 어떻게 쪼아냈고 어떻게 운반하여 어디에다 버렸을까?

하나에서 열까지가 모두 궁금하다.

열번째굴은 법당(신전)이었던 듯 그 안에 조성돼 있는 9m 높이의 탑과 사자좌에 앉아 있는 불상이 너무 인상적이다.

비교적 단순한 구조와 장식이었던 불교 석굴과는 달리 힌두교 석굴은 웅대하면서도 고도의 기교를 살린 화려한 조형미가 두드러진다. 그 중에 백미는 열여섯번째 석굴에서 환호와 탄성의 입을 다물 수가 없었다.

석굴미학의 정수를 보여주는 거대한 엘로라 16번 석굴입구, 다섯자녀와 나들이 나온 핫산 씨 가족과 함께.

16번굴 입구는 큼직한 대궐로 들어가는 느낌이었는데 그 안은 다시 하늘이 보이고 넓은 마당 가운데 사원도 있고 대탑(大塔)도 있고 진짜보다 더 큰 코끼리상도 있는 게 아닌가, 그렇다면 이는 동굴이 아님이다.

그러나 틀림없는 석굴이라니 그럼 어찌된 영문일까, 더욱 경이로운 것은 다른 굴들은 암반 속을 바닥부터 파고 들어가 캄캄한 속에 공간을 만들어 놓은데 반해 이곳은 바위산을 위부터 통째로 들어내면서 아래로 쪼아 내려가 사원과 탑을 돌출시켜 남겨 놓았으니 일반적인 석굴 조성 방식과는 정반대인 셈이다.

하늘이 뻥 뚫린 규모가 자그마치 넓이 47m, 길이 83m, 높이 35m에 이르고 있다.

8세기경 라쉬트라쿠타 왕조가 1만명 씩의 석공을 동원하여 물경 1백50년에 걸쳐 만들었다고 한다.

당시 이들의 평균수명이 40세 전후였다니 적어도 수대에 걸친 대역사임에 틀림이 없다. 그 이름 또한 시바신의 히말라야궁이라는 뜻의 '카일라쉬(Kailash)'다.

참으로 웅대무비에 장엄무쌍하다. 아니 이는 아무리 생각해 보아도 오직 불가사의일 따름이다.

공간 한가운데의 피라미드를 닮은 카일라쉬 사원 외부는 입구, 회랑, 본전 등의 건물들도 배치돼 있고 무수한 작은 신상들까지 빈틈없이 새겨져있다. 힌두의 최고신에게 바친 대걸작임에 누가 감히 이의를 달랴. 힌두신들의 이야기를 소재로 한 온갖 조각들이 정신마저 아뜩하게 만든다.

특히 눈길을 끈 것은 힌두교의 대서사시 '라마야나'를 형상화한 부분이었다.

그 이야기속의 악마 라바나가 히말라야에 있던 시바신의 궁(宮) 카일라쉬를 통째로 들어 일거에 내팽개치려는 순간 시바의 아내 파르바티는 화들짝 놀라고 있으나 시바신은 눈하나 깜짝 않고 라바나가 치켜든 산을 한쪽발로 지그시 내리눌러 악마를 꼼짝달싹 못하게 하고 있는 부조상이다.

힌두사원의 조각들은 어디서나 이처럼 시바신의 위엄이나 링가워십, 즉 남근숭배를 다룬 것들이 주류를 이룬다.

힘! 그 중에도 남성의 힘이란게 도대체 뭔지…….

최고의 신에게 바친 이 사원은 그래서 그것을 파고 깎고 다듬고 새기는 공력도 기술도 정성도 더할 나위 없음이다.

'NON PLUS ULTRA' 지고의 예술은 그 결과로써 이렇게 존재하고 있음일까?

놀랍다 못해 의아할 뿐이다.

박시시

'인도에 가면 거지와 맞닥트리지 않고는 걸어다닐 수 없다'던 얘기를 서울서 처음 들었을 땐 설마(?)했었다.

그런데 그게 설마가 아닌 사실로 우리 앞에 자꾸 다가온다.

봄베이에서라면 그곳은 온갖 사람들이 모여드는 대도시이고 그런 가운데 거지도 으레 한몫 끼고 있으려니 했었다.

그럴싸한 거리나 호화스러운 곳에서도 문만 나서면 바로 코앞에서 남녀노소의 박시시꾼을 만났었다. 그들은 더위쯤 불사하고 때와 장소도 가릴 것 없이 무차별 공격적인 스타일이 있는가 하면 무한정 초라한 모습으로 갓난아이까지 들이대는 애걸형도 있었고, 오직 무언의 침묵만을 무기로 접근했던 명상파까지 가지각색의 거지님들이 도처에 넘쳐흐르고 있었다.

사실 봄베이에서의 둘째날, 뱃집에 갔을 땐 밥을 제대로 넘길 수 없을 만큼 보기에 딱하고 마음에 걸려 지끈지끈한 두통을 어찌할 길 없어 해변으로 피신(?)한 적도 있었다.

대도시의 그들은 대개가 억척스러운데다 처참함을 광고까지 하며 온갖 수단을 다 부렸던 것에 반해 지금 여기서 만나고 있는 시골 거지님들은 과히 억척스럽지도 않고 지나치게 가련함을 들어내지 않고 있어 그나마 다행이다. 아니 얌전한 이들이 오히려 가슴을 더욱 무너지게 만들고 있다.

한 번 맞춘 시선을 끝까지 떼지 않았던 세 어린이, 결국 박시시를 해야 했다.

사람과 사람이 만나고 접하는 일상에서 눈과 눈이 서로 마주치는 건 보통의 일이다. 그런데도 저들과 눈길만 한번 스쳤다 하면 그 아이는 시종일관 절개와 지조(?)를 다해 오직 그 사람 곁을 떠나지 않는다.

특히 외국인과 맞닥트리게 되면 이들은 더욱더 끈질긴 인내심을 발휘하는 것 같다.

도저히 피할래야 피할 길이 없는 이들과의 만남을 어떻게 대처하느냐 하는 문제는 그야말로 개개인의 각개전투(?)에 달려 있을 뿐이라 하겠다.

저 많은 사람들에게 나혼자 적선한다고 해서 이 나라의 사회복지 문제가 달라질 것은 아니지만 이들과의 이런 만남도 따지고 보면 전생의 인연이니 '좋다, 조금씩 서로 나누자'는 심정으로 적선을 한다면 그거야 물론 좋은 일이다.

아니면 인도에서만이 맛보고 견뎌야 할 특별 수양과정이라 간주하여 수업료라 셈치고 박시시 한다면 그것 또한 자유다.

아무도 그 누가 뭐랄 사람은 없으니까.

그러나 정많은 우리 한국인의 '그놈의 정 때문에' 그냥 지나치지 못한다면 그것은 어쩔 수 없는 운명이다.

결국 1루피짜리 잔돈을 넉넉히 준비해 두었다가 적당한 때 적당히 박시시하는 게 상책일성싶다.

일행도 아닌데 짝궁(?)이 되어 원치 않는데도 저렇게 지성껏 따라다니는 그 열의가 가히 놀랍기만 하다.

무언가를 하지 않으면 안되겠다고 느껴질 때까지 그들은 따라다닐 모양이다.

그런데 이해할 수 없는 마지막 행위는 돈을 받고난 다음의 태도다. 그들은 뻔뻔스러울 만큼 당당하게 돌아선다.

적선을 한 사람의 얼굴이 오히려 황당해지고 적선을 받은 쪽은 천진스런 웃음을 보이기까지 하여 당혹감을 주기 일쑤다.

모처럼 큰맘 먹고 몇루피 주었다고 적선의 흐뭇함을 맛보려 했다가는 크게 실망할 수밖에 없음을 이 나라의 박시시에서 한 수 배운다.

돈과 재물 만능에 빠진 문명사회인들이 인도의 거지를 통해 얻어야 할 제3의 선물(?)일까……?

돌아간 70킬로미터

맘마드에서 오던 길에 아침을 해결했어야 했는데 엘로라를 얼른 보고싶은 욕심에 동굴을 먼저 들락날락 했더니 몹시 시장하다.

어제 저녁까지 굶은터라 행색 또한 말이 아니다.

다시 아우랑가바드로 돌아가 뭘 좀 먹어야 할까보다. 그리고 꾀죄죄한 몰골을 고양이 세수라도 하여 씻어내고 싶다.

'아 - 배고픈 서러움이여'

'아 - 배부르던 옛날이여'

카레도 아닌 것이 그러나 카레같이 생긴 것을 힘없는 흰밥에 적당히 버무려 한입씩 우겨 넣으니 겨우 살 것 같다.

아직은 초반전이라 KAL 기내에서 몇 개 얻어온 치약고추장(튜브형이라 그렇게 부름)이 있어 어떤 유형의 음식이라도 우리입에 맞도록 용해시켜 주고 있다.

아무런 맛도 속도 없는 꽹과리짝만한 쨔빠띠(란)를 이제는 제법 맛있게 먹는다.

엘로라의 감흥을 다시 새기며 아잔타로 향한다. 덜덜이 버스가 별일 없이 달려주면 3시간쯤의 거리다. 밥 한 끼 배고픔 때문에 70㎞를 더 돌고 있다. 차는 황량한 갈색 대지를 열심히 달린다.

인도대륙의 4분의 1을 차지하고 있는 데칸의 용암지대가 강을 만나 절벽을 이루더니 단단한 암반을 드러낸다.

고원의 뜨거운 땅기운과 쏟아지는 햇살, 거무튀튀한 면화토가 모처럼 이국정취를 자극하며 눈요기로 피로를 풀어준다.

얼마를 달렸을까, 잠깐 졸았던 것 같은데 차가 몇번을 덜컹거리더니 그대로 멈춰선다. 펑크려니 했으나 그것은 천만의 말씀이었고 장거리 노선 버스에 기름이 떨어졌단다.

동네도 없고, 주유소가 있을 턱이 없는 황량한 벌판에서 세상에 말이 되는 소리를 해야 이해를 해주지…….

답답하여 엉거주춤 밖으로 나오긴 했으나 너무나 쨍쨍한 햇살이 밉다. 운전수와 조수가 안쓰럽게 땀을 뻘뻘 흘린다.

이따금씩 지나가는 차를 세워 기름 한방울 얻을 수밖에 다른 선택의 여지는 없었다. 다국적(?)으로 힘을 합쳐 겨우겨우 트럭 한대를 세우고 고무호스로 기름을 뽑아 넣었다. 옛날에 시골에서 많이 보았던 그 모습 그대로의 행동들이 낯설지 않다.

다시 또 열심히 달린다.

대관령만큼은 아니었으나 굽이굽이 고갯길도 넘는다.

차창밖의 산허리는 온통 검붉은 빛이고 듬성듬성 볼품없이 서있는 베니얀트리가 원숭이 볼기짝처럼 불그죽죽한게 묘한 조화를 이룬다.

3시간이 훨씬 넘어서야 와고라강을 만나 계곡길로 접어든다.

주차장이 꽤 넓고 제법 모양을 갖춰 놓은걸 보니 엘로라하고는 전혀 비교할 수 없는 관광지 냄새가 물씬 풍긴다.

세계의 명소답게 여러 나라에서 찾아온 각국의 사람들이 어지러이 오간다. 버스에서 채 내리기도 전에 남녀노소가 우루루 몰려와 뭔가를 사라고 야단법석이다.

"모시모시 아리가또"를 외쳐대는 폼이 일본인으로 잘못 보고 있는 모양이다.

어디를 가나 접하고 있는 달갑잖은 공통의 현상이다.

아잔타

세계적인 불교예술의 보고 아잔타는 1983년에 일찌기 유네스코로부터 '세계문화유산'으로 선정된 곳이다.

아잔타 석굴의 불가사의는 장자(莊子)가 꿈꾸었다는 호접몽(胡蝶夢)의 고사에 견주고도 남을거라는 얘기까지 들어온 터다.

현기증이 날만큼 까마득하게 깎아지른 자연암벽을 중간에서 뚫고 들어가 오직 부처님의 은덕만을 빌고자 6백년 이상 긴-긴 세월동안 깎고 다듬어 만든 종교적 신앙심의 집대성이요 결정체인 곳.

그 앞에 섰을 때의 벅차오른 감흥은 마치 사물과 자신이 하나가 된 듯 물아일체(物我一體)의 경지였다고나 할까.

석굴의 조성은 B.C 2세기경부터 1세기에 걸쳐 만들어진 전기시대의 동굴군이 있는가 하면 A.D 5세기 중엽부터 7세기에 걸쳐 조성된 후기 동굴군으로 나뉜다.

그런 엄청난 문화유산이 하마터면 세상의 빛을 보지 못할 뻔했다는데 그 얘기는 이렇다.

8세기 들어 이 땅에 불교가 서서히 쇠퇴함에 따라 이곳의 숨결도 그만 정글속에 파묻혀 1천년이나 방치돼 버렸다고 한다.

그런 아잔타 석굴에 환생의 기쁨을 안겨준 것은 1819년 데칸고원 일대에서 호랑이 사냥에 나섰던 기병대 장교 존·스미스가 정글속을 더듬던 중 바위틈에서 동굴 하나를 발견하고 기겁을 하였으나 이내 탄성을 멈출 수 없었다고 한다.

그 안에는 휘황찬란한 채색 벽화와 각종 불상들이 가득가득 했으니 그럴 수밖에…….

더욱 놀란 것은 주위에 그런 동굴들이 수없이 무리지어 있던 사실이 그를 기절시켰다던가.

그날 그렇게 아잔타 석굴은 긴 - 긴 역사의 잠에서 깨어났고 현존하는 인도 석굴 사원의 80퍼센트가 이 데칸고원 일대에서 발굴됐다고 한다.

더운 나라인데다 비가 많은 기후라서 시원하고 또 습기가 비교적 적은 용암대지 위의 석굴사원만이 장기간의 수행과 예불의 공간으로 적격이었던 모양이다.

아잔타 석굴은 모두 29개에 이른다.

장장 6백미터에 걸쳐있는 이 거대한 석굴군(群)에는 편의상 입구에서부터 일련번호가 매겨져 있다. 그러나 그것은 굴을 만든 연대기적인 순서와는 아무런 관계가 없다.

버스정류장 앞 돌계단에서 1번굴까지는 불과 2백미터 정도.

계단에 오르니 웬 건장한 젊은이들이 옷깃을 잡아당기며 뭐라고 열심히 설명을 한다. 박시시의 짝사랑(?)은 아닌 것 같아 안심하고 관심을 표현했더니 1인승 가마 펠런킨(Palanquin)을 타라고 권하는 호객꾼이었다.

옛날 사대부집 대감들이나 타고 다녔을 법한 가마였다.

한번 타볼까도 싶었으나 불과 2백 여메타를 코앞에 두고 그러기에는 지나친 호사였다. 집요하게 따라붙는 그들의 손길을 뿌리치는데 너무너무 힘들어 땀이 범벅이다.

한번 눈길 주었다가 받은 벌(?)치고는 너무 혹독하다.

먼저 5세기경에 개착했다는 제1번굴을 들어가 보았다.

금방 들어온 탓도 있겠지만 너무 컴컴하여 사물을 제대로 분간할

제1석굴의 연꽃을 손에 든 보살, 황금색을 구조로 한 유려한 선과 육감적인 인체묘사가 따뜻하고 부드러운 분위기를 만들어준다.

수가 없다. 안내자의 랜턴에 불이 들어오면서 내부가 서서히 망막에 표착된다. 사각의 공간이 생각 외로 넓다. 바위굴 속이지만 천장을 받치고 있는 기둥도 간간이 있다.

바위벽과 돌천장에 그려진 벽화들은 모두가 돌에서 채취한 자연물감으로 그렸다는데 그것이 바로 천년을 버텨온 신토불이의 원조격 힘이 아닌가 싶다.

화려하기까지한 프레스코 벽화들에 둘러싸인 공간이 마치 호화궁전 같다. 물론 벽화들이 길고 긴 세월에 절어 선연한 빛을 약간 잃긴 했지만 살아 숨쉬는 듯 생동감만은 넘쳐흐른다.

그 중에서도 뒤쪽 복도 왼쪽에서 보았던 '보디사트바 파드마파니'라고 이름 붙여진 보살 그림은 단연 백미였다.

손에 연꽃을 한 송이 들고 있다하여 '연꽃보살'로도 불리운 그 그림은 고구려 승려 담징이 그렸다고 전하는 일본 법륭사의 금당벽화를 보는 것 같아 참으로 이상도 하고 신기하기도 하다.

그 시절 서로 오가며 상의해서 그렸을 턱도 없으련만…….

타임머신

석굴마다 숨겨진 벽화들의 기품있는 표정과 자연스레 흘러내린 곡선의 아름다움이 보면 볼 수록 신기하기만 하다.

이곳의 벽화들은 대개가 석가모니 불타의 전생담인 자타카(Jataka)와 그의 일생에서 소재를 취한 것들이 대부분이라고 한다.

29개 석굴 중 제일 큰 규모의 4번 굴이 그 대표적인 예였다.

28개의 기둥이 줄줄이 늘어선 가운데 그려진 팔상도(八相圖)는 석가세존이 중생을 제도하기 위하여 일생동안 드러낸 여덟가지 변상(變相)을 다룬 그림으로 싯달타 태자시절의 궁중생활이며 당시의 저자거리, 악기, 동물, 상가 등에 대한 묘사가 더할 나위 없이 섬세하다.

그런가 하면 16번 석굴에서는 부처의 이복동생 난다의 아내 순다리가 남편의 출가수행 소식을 듣고 몹시 슬퍼하는 모습을 사실적으로 그린 벽화가 있어 여러 사람들의 발걸음을 멈추게 하고 있다. 이른바 '죽어가는 공주상'을 그린 벽화였다.

보존상태가 가장 좋은 곳은 17번굴로 탁발하고 카필라성으로 돌아온 부처를 맞이하는 아쇼다라 왕비와 아들 라후라 왕자의 애처로운 표정들이 그대로 눈에 잡혀온다.

밖은 엄청난 더위였지만 굴안으로 들어서기만 하면 이렇게 시원할 수가 없다. 이 사람들이 몇 백년을 기다리면서도 이렇게 석굴을 조성한 이유를 이제 조금 알 것 같다.

석굴을 파고 들어가 그 안에 건설한 거대한 구조의 조각물들이 넋을 읽게 한다. 내부를 설명하고 있는 관리인 겸 안내자.

거의 마지막쯤 26번 석굴 출입구 왼쪽에 길이 7m의 거구로 오른손을 베개삼아 평화로이 누워있는 석가의 열반상을 만났을 땐 그 청정무구한 불국정토의 얼굴에서 또 하나의 새로운 부처를 만날 수 있어 기뻤다.

지금까지 동서양의 많은 벽화들을 대해 봤지만 때로는 섬뜩하리

만큼 거리감이 있기 마련이었는데 여기서의 느낌은 오히려 따뜻했다고나 할까.

그것은 그림을 그릴 때 사용한 색깔이 대부분 황색과 적색 계통인데다 인물 채색도 황금색을 주로 쓴 덕분인 것 같다. 그렇게 편한 마음으로 보아서 그런지 인체묘사 또한 유려하고 부드럽고 매우 육감적이다.

그림 속의 인물들이 풍기는 인상 또한 둥근 얼굴, 넓은 이마, 가늘고 긴 눈썹, 작은 입, 후덕한 턱, 큰 귀, 두툼한 귓볼, 짧은 목 등 고려시대의 우리나라 불화에서 보았던 인물과 너무 많이 닮아 있어 친근감이 앞선다.

이곳 아잔타의 맥이 후일 중국의 대동 운강석굴(5세기), 낙양 용문석굴(5~8세기), 돈황 막고굴(6~9세기) 그리고 경주 석굴암(8세기)에까지 면면히 흐르고 있음을 학계가 요즘 거듭 증거하고 있다.

매우 놀라운 그러나 반가운 일이 아닐 수 없다.

타임머신을 타고 수세기를 오락가락 넘나든 듯 머리 속이 풍선처럼 붕붕 떠오르는 느낌이다.

돌침대

연대순으로 따져봤을 때 가장 오래된 곳은 기원전 2세기 쯤 석굴을 처음 시도했던 것으로 추정되는 10번 석굴이라고 한다.

그 무렵의 전기(前期)동굴은 이른바 무불상(無佛像)시대에 조성됐기 때문에 본당 안에 불상을 모시지 않은게 특징이다.

그 대신 석굴 중앙에 거대한 돔을 두었는데 대개는 연꽃받침 위에 안치하고 있다.

또 좌우에는 회랑 형식으로 기둥을 깎아놓아 권위와 모양도 내면서 통로로 삼고 있다. 그래서 10번 굴은 '차이티야' 곧 불사리탑인 스투파를 모신 탑원식(塔院式)예불당인 셈이다.

차이티야가 불당으로 사용하기 위하여 만들어진 석굴이라면 '비하라' 즉 승원식(僧院式)동굴은 승려나 수행자들이 일상생활을 했던 요사채다.

그 양식을 대표하고 있는 곳이 바로 12번 굴이다.

굴 안에는 넓은 공간이 있고 그 주위로 빙 둘러 역시 바위벽을 쪼아 만든 한 평이나 될까말까한 방들이 여러개 벌집처럼 뚫려있다.

다리를 겨우 뻗고 눕기에도 비좁은 듯한 방안에는 좌우로 돌침대(?)가 마련돼 있고 안쪽으론 도톰하게 베개까지 깎아놓았다.

아무리 수행정진이라지만 고양이 이마빼기 만한 이 숨막히는 석굴 공간에서 어떻게 살았을까, 괜히 궁금한 나머지 들어가 반듯이

돌침대에서 "옴마니 사마하 옴마니"를 같이 외우며 기뻐했던 캘커타의 공무원 여행팀.

누워보았다.

돌베개도 안성마춤이고 발끝까지의 키도 딱 맞는다.

누운 채 "옴마니 사바하 옴마니"를 외워본다.

굴속에서 벌어진 예상 밖 염불에 영문을 아는지 모르는지 여러 나라에서 찾아온 여행자들이 덩달아 재미있어 한다.

아무 것도 없는 공간이었지만 에코로 울려퍼진 음향 효과만은 제법이라 즐거웠다.

돌방에 누워있을 때의 심정은 오직 하나 '이런 방에서 할 일이라곤 이 세상에 도(道) 닦는 일 외엔 아무것도 할게 없었겠구나'하는 생각뿐…….

데칸고원의 후미진 산중에 한 덩어리로 된 6백미터의 거대한 암벽을 뚫고 들어가 만들어 놓은 이 석굴사원에서 인간의 끈기와 저력 앞에 누가 감히 옷깃을 여미지 않을 수 있을까?

정신공간의 그 넓이를 생각하면 더욱 그렇다.

데칸고원의 바위처럼 진실하고 순박했을 것 같은 옛사람들이 몇 세기동안 정(끌) 하나로 묵묵히 파고 들어가 무표정한 돌덩이에 숨결을 불어넣고 생명을 일깨워준 아잔타의 석굴.

도대체 그런 신앙과 정열과 우직한 저력은 어디서 나왔을까?

인간이란 무엇이고 어떤 존재이기에 이런 일을 저질러 이렇게 장엄한 불가사의를 이루어 놓았을까?

비록 이 사람들이 오늘에 와서 조금 궁핍하게 살고는 있지만 삶의 뿌리만은 튼튼한 대지에 내리고 있음이 분명하다.

역사와 문화가 유수하다면 대지는 언젠가 반드시 거듭날 기회를 주는 법.

누군가 말했듯이 인도의 과거는 돌로 남아있고 그들의 현재는 몸부림치고 있지만 INDIA의 미래는 꼭 소생할 것이라고 말이다.

오 - 아잔타여!

오 - 인도여!

3

데칸고원

잘가온의 아침
국경 통과
야외 도시락
만두 성(城)
고성의 밤
CITY OF JOY
인도르 박물관
산치대탑
고원 사람들

잘가온의 아침

새날을 맞은 곳은 시골 소도시 잘가온(Jalgaon).

하지만 봄베이에서 뉴델리와 캘커타로 철도가 연결되고 있는 곳이라 교통의 요충지이다.

이른 아침의 거리는 추적추적 빗방울이 흩날리는 가운데 무언가 짐보따리를 이고진 사람들이 삼삼오오 바삐 오간다.

연장을 둘러멘 남자들은 아마도 농사일에 나서는 농부인 것 같다. 그런데도 우산을 받쳐든 사람은 별로 보이지 않는다. 이 정도의 비쯤이야 늘상 겪는 여름인지라 불편할게 없는 모양이다.

60㎞ 남방에 어제 지나온 아잔타가 있어 그런지 외국인의 모습도 여럿 보인다.

소 두 마리가 끄는 달구지도 지나고 버스, 화물차, 오토릭샤도 빗속을 씽씽 달린다.

어디선가 쏜살같이 달려온 릭샤 왈라가 텐루피(10.Rs)를 외치며 역전까지 탈 것을 권한다. 역전으로 갔다가 버스터미널을 돌아 다시 이 자리까지 데려다 주면 10루피를 주겠다고 돈을 보여 주었더니 기분 좋게 손가락으로 원을 표시한다.

엄지와 검지를 모아 동그라미만 만들어 보이면 세계 어디서나 O.K가 아니었던가.

넓디넓은 땅덩이의 한가로운 시골 정취가 부슬부슬 내리는 안개

버스운전수 나바브씨가 핸들앞에 모셔놓은 수호신의 초상과 공양된 꽃. 앞에 가로놓인 대나무 장대는 주 경계선 검문 통제용이다.

비와 함께 고즈넉하다. 사람냄새와 걸친 옷과 언어만 다를 뿐 여기가 인도인지 우리나라의 어느 시골인지 구분이 되지 않는다. 지구촌 어디서나 경험했듯이 역시 사람사는 모습은 똑 같구나 싶다.

오늘은 만두(MANDU)까지 가야할 일정이다. 7~9시간이 걸린다는데 점심 해결할 걱정이 앞선다. 비가 그치는걸 보니 낮엔 어지간히 더울 모양이다.

자동차가 하루를 시작하기 전 인도에 있는 모든 운전 기사들은 자기 차의 핸들과 페달에 오른손을 댓다가 자기 이마로 가져가는 행동을 반복하며 무어라고 열심히 주문을 외운다. 아마도 기도를 올리는 모양이다.

그리고는 운전석 앞에 차려진 미니 신상 앞에 향을 피우고 조화를 매만지며 또 고개를 조아린다.

이 나라 사람들이 모시고 있는 신의 종류가 물경 3만도 더 된다고는 익히 들어왔지만 사원과 가정 말고도 길거리의 구멍가게나 리어커 좌판, 버스, 트럭, 택시, 릭샤에까지 자신이 믿고 의지하는 신상이나 사진을 모셔놓고 지극 정성으로 경배하는 모습은 정말 놀라운 일이다.

인도에서의 종교는 과거와 현재를 물을 것도 없고 도농이나 빈부귀천을 가릴 것도 없이 이들의 삶 자체에 커다란 한 몫을 하고 있음이 분명하다. 무언가 믿음을 갖지 않고 산다는 것은 도저히 이해하기도 견뎌내기도 어려운 일인가 보다.

마치 모든 생명체가 공기 없이 존재할 수 없음과 같은 맥락으로 보였다면 지나친 감상일까?

우리의 자랑스러운 운전기사 나바브씨는 35세라는데 콧수염을 길러서 그런지 40도 더 돼 보인다.

그런데도 아직 장가를 못갔으니 자기는 어디까지나 씽글보이라며 싱글싱글 웃는 모습이 너무나 천진스럽다.

가끔씩 '인샬라(신의 뜻대로)'를 외우기도 하고 '나마스떼(땡큐)'는 아예 입에 달고 산다.

부러운 모습이고 닮고싶은 여유로움이다.

국경통과

인도버스는 봇짐 많은 사람들의 편의를 위하여 지붕에 화물칸을 따로 만들어놓고 있다. 그러므로 버스 안까지 큰 배낭을 들이미는 행위는 매우 야만(?)적이 된다.

지붕 위에 마련된 난간 철책에 배낭을 고리로 얽어 자물쇠를 채워두면 안심하고 얼마를 달려도 좋다.

또한 경치좋은 곳에서는 마음껏 주위의 경관을 감상할 수 있는 최상의 장소이기도 하고 때에 따라선 초만원 버스 안으로부터 탈출구가 되어주기도 한다.

무엇보다 제일인 것은 버스 속에서 꼭 집어 표현할 수 없는 이들의 비비적거리는 땀냄새로부터 신선한 자연풍으로의 해방처가 되고 있어 좋다.

하루 종일 달려야 할 때는 점심시간은 물론 화장실 가고 차마시며 쉬는 시간도 준다. 하지만 이는 사람을 위함이라기 보다 고물자동차의 휴식에 더 큰 이유가 있었음은 나중에 안 사실이다.

우리 운전 기사는 오늘 아침에도 무사고 운전을 빌고, 가족들의 건강도 빌고 돈많이 벌 수 있게 해달라고 빌었을 것이며 인도의 평화와 마음속 행복까지 두루두루 기도했을 것이다. 왜냐하면 그것은 이들의 변함없는 일상이니까.

그런 성스러운 기도에 힘입은 탓인지 그는 거칠 것 없이 차를 몰아댄다. 신의 축복을 받았으니 사고같은 것은 절대로 일어날 수 없다는 듯 말이다.

하지만 어느 신의 어떤 축복인지 알 수 없는 나그네의 가슴은 가끔씩 움찔움찔할 때가 한두번이 아니다.

하느님! 부처님! 조상님! 아니 지금은 오직 시바신이여!

'저희를 시험에 들지말게 하옵시고……'

요란하게 꾸민 차들이 험하고 좁은 길을 믿기지 않을만큼 대범하게 달린다.

시원하다 싶었는데 잘 달리던 차들이 줄줄이 멈춰선다. 차장이 내린 다음에도 한참을 더 지체한다. 챠이가 있는 곳도 아니고 쉴 만한 데도 아닌 곳에서 10분쯤이나 흘렀을까, 그제서야 '국경을 넘는 곳이라 수속을 밟는중'이라고 귀뜸한다.

'웬 국경?' 하며 깜짝 놀랐더니 다른 주(州)로 접어드는데 돈을 지불해야 통과할 수 있다는 설명이다.

얼른 지도를 펼쳐보니 아닌게 아니라 면적 30만㎢에 인구 8천만을 헤아리며 봄베이가 주도였던 마하라 쉬트라 주에서 면적 44만㎢에 인구 7천만명 그리고 보팔 시를 주도로 하고 있는 마드야 프라데쉬 주로 진입하고 있으니 우리나라 남북한 보다 훨씬 큰 곳에서 그보다 더 큰 곳으로 넘어가고 있는 셈이다.

그 정도면 국경통과에 못지 않음은 충분한 것 같은데 그래도 그렇지 제나라 제땅덩이에서 주 경계를 넘는다고 통과세를 받다니 조금 아리송하다.

이 나라엔 25개의 주와 연방직할시 7개가 있다는데 각 주마다 의회와 수상이 따로 있고 각부장관까지 별도로 있어 우리나라의 도(道)라고 생각해선 어림없는 분수요, 아마도 미국의 주(State) 개념과 비슷한 모양이다.

한가지 특이한 것은 각 주를 나눔에 있어 지역도 지역이지만 그들이 쓰고 있는 지방 언어별로 구획을 정했기 때문에 주경계를 넘으면 사투리가 심히 다르다고 한다.

제각기 다른 개성을 지닌 주를 국가에 비유한다면 그 집합으로써의 인도공화국은 그럼 세계라는 의미를 내포하고 있다는 말일까? 마치 국경을 넘나들며 막내 자영이랑 유럽을 돌아봤던 그 때와 비슷할 모양이다.

말하자면 유럽의 어느 한나라를 다녀와서 유럽을 논(論)할 수 없으며, 필리핀만 보고 아시아를 이렇다 저렇다 단언할 수 없음과 같이 말이다.

이제 겨우 주(州) 하나를 넘고있으니 앞으로 가야할 대륙횡단길이 생각사로 아뜩하다.

여권을 잃어 버렸어유.

에그 머니나! 여권을 잃어버리다니……
여권이란 나라밖에서 자기를 보호받을 수 있는 가장 중요한 신분증명서라 어쩌다 분실했을 경우는 당황하지 말고 먼저 우리대사관에 전화연락(신고)부터 해놓고 속히 달려가 신원확인 신청을 해야 한다.
임시 신분증을 발급 받은 다음 비자는 외국인 출입국 관리소에서 따로 받는다. 이럴 때 여권, 비자 복사본이 있으면 수속시간을 절약할 수 있으므로 copy본과 여유사진은 출국 전에 꼭 따로 챙겨갈 일이다.
※한국 대사관 연락처 :
#9 Chandragupta Marg, Chanakyapuri Extension,
New Delhi, 110021, Tel : 688 - 5374~6.

야외 도시락

어지간히 달려온 것 같다.

중천에 걸린 해가 사정없이 대지를 달구어 아스팔트 길바닥이 흐느적거린다. 목도 마르고 배도 고팠지만 그 알량한 원두막 같은 간이휴게소(챠이집) 마저 없는 시골길이 야속하다.

마냥 가도 가도 대평원의 연속일 뿐.

마침 냇가를 만나 차가 쉴 참이니 끼니를 해결하란다.

냇물은 진흙뻘과 함께 흐르고 있는 흙탕물이라 실망만을 안겨주었다. 풀밭을 찾아 그냥 앉아본다.

오늘 점심이라고 게스트 하우스에서 건네 받은 뭉치를 풀어보니 올망졸망한 비닐봉다리가 두어 개 나온다.

무엇을 어디서부터 어떻게 먹는담?

아니 수저와 젓가락이 있어야 어떻게 해볼게 아닌가.

아무리 뒤적여봐도 한쪽에 구겨진 냅킨이 한 장 있을 뿐이다.

손을 닦으려면 물티슈라도 챙겨줄 일이지…….

그렇든 저렇든 햇살은 뜨겁고 어디선가 파리들은 자꾸 몰려오고, 바람은 불고, 배는 고프고, 찐 감자를 하나 까먹고는 닭다리를 덥석 물어 뜯었다.

물론 맨손으로 말이다. 그런데 하필이면 왼손이었던 게 또 화근일 줄이야. 인도 친구 Mr. S. D. Shing이 얼굴에 오만상을 찡그리며 얼른

매번 오른손 식사법 때문에 곤혹스러웠던 인도식 점심

오른손으로 옮겨준다.

아차, 작년 여름에도 여러번 곤욕을 치룬일 중 하나였는데……그제서야 지난 기억이 번쩍 든다.

이들의 손가락 식사는 반드시 오른 쪽이라고 했었지!

맨손식사는 식전, 식중, 식후 모두 이래저래 골칫거리 중 하나다.

우리로써는 몹시 헷갈리고 있지만 태어나면서부터 왼손과 오른손의 역할이 분명함을 반복해온 이들에게는 손의 좌우 구분에 전혀 시행착오가 없다고 한다.

즉, 코를 풀고 귀를 후비고 뒤를 닦을 때와 눈곱을 떼는 것은 왼손이 하는 일이며 심지어 목욕을 할 때도 오른손으로는 상체를 왼손으로는 배꼽 아래를 씻음으로써 온갖 더러운 축에 드는 일은 왼손이 처리하는 반면 에너지 공급이라는 중대하고 신성한 사명의 식사만은 당연히 오른손의 몫이란다.

열심히 생각하고 조심조심 노력을 경주했는데도 또 양손이 나도 모르게 음식을 만지고 있으니 딱한(?) 일이다.

비닐봉지에든 음식물은 대개가 푹 삶은 것들이라 국물이 약간씩 배어있었다.

오른손으로 이것저것 조금씩 집어 서너번 주물주물거리면 그럭저럭 비빔밥 겸 볶음밥 비슷하게 덩어리지고 이를 부서지거나 줄줄 새지 않도록 한입에 쏙쏙 밀어 넣어야 하는데 세상에 이렇게 어려운 식사법이 또 있을까?

미스터 씽의 논리대로라면 음식을 먹음에 있어 시각에 후각을 얹고 거기에 촉각까지 보태기 위해 손가락으로 먹는다는 데야 더 이상 할 말이 없다.

게다가 이들의 위생관을 들어보니 이는 더욱 가관이다.

식사 용구인 숟가락, 젓가락, 포크 등이 과연 입에 넣을만큼 깨끗하느냐는 항변이다.

자기들은 숟가락은 믿을 수 없지만 적어도 자기몸의 일부인 오른손만은 확실히 믿을 수 있다고 단호히 말한다.

또한 음식을 조리하면서도 맛을 보는 일이 없다는데 그 이유인즉 일단 맛을 본 것은 더렵혀 졌다고 여긴단다.

된장국 하나 끓이면서도 서너 번씩 숟가락이 들락날락 해야만 맛을 내는 우리의 조리법을 이들이 안다면 기절초풍할 일이다.

그래서 그런지 이들은 물을 마실 때도 되도록 병이나 컵에 입을 대지 않고 공중에서 입안으로 한 모금씩 쏟아 붓는다.

뚱딴지같은 생각이지만 우리는 보통 기득권 층은 우파, 억압받는 쪽은 좌파라 하고 또 보수주의는 우파, 개혁주의는 좌파라 칭해왔다.

이들의 왼손, 오른손을 좌파와 우파로 대입시켜보니 묘한 생각이 든다. 그렇다면 우리는 어디까지나 중도파인가?

만두 성(城)

점심 먹고 또 4시간, 챠이집에서 두 번 쉰 것 말고는 벌써 8시간을 달려온 셈이다. 엉덩이도 아프고 허리도 삐걱거릴 즈음 나이아가라 폭포에 닿았다며 잠시 쉬어 간단다.

특종이라도 잡은 듯 카메라를 들춰 메고 뛰어내린 곳은 개울물 정도가 작은 폭포를 이룬 곳이었다.

"에게게, 이것도 폭포야"

"이만하면 폭포가 아닙니까?"

"아니, 나이아가라 라면서……"

"그건 미국에 있는 것이고 여긴 이거지요"

"맙소사!"

"오 마이 갓!"

"……"

덥지 않느냐며 자꾸 물로 끌어들인다.

흐르는 물에 머리를 푹 담그니 시원하고 개운하다.

이대로 한숨 늘어졌으면 얼마나 좋으랴만 어렵고 또 어려운 곳, 인도내의 작은 아프가니스탄 만두 성(Mandu Fort)을 찾아왔으니 서둘러 발길을 재촉할 일이다.

만두는 해발 6백미터 고지 위에 20㎢의 평원을 무대로 발달한 옛 도시로, 100리가 넘는 성(城)을 쌓고 12개의 성문으로만 출입이 가능했던 전략적 요새다.

6세기경 만드바 라는 이름의 라지푸트에 의해 터를 닦기 시작한 후 이곳 총독이었던 아프간 출신 달라와칸이 독립왕국을 세웠고 그의 아들이 왕위에 오르면서 수도를 옮겨와 황금기를 맞았었다.

1469년에 집권하여 80세에 아들로부터 독살 당하기까지 31년 동안이나 군림했던 기야스왕은 태평세월에 한량끼까지 많았던 터라 노래와 춤과 술과 여자로 가득 채워진 만두 성에 묻혀 환락의 도가 하늘에 닿았었다던가.

배의 궁전 혹은 아방궁이라 불려지고 있는 1백미터가 넘는 자하즈 마할 아래층은 아치 문이 있는 거대한 연회장이었고, 2층 계단으로 오르면 인공호수를 바라보며 목욕할 수 있는 노천탕이 여럿 있어 각기 특성을 뽐내고 있다니 예나 지금이나 벌거벗어야 하는 목욕문화의 번창은 그 시사하는 바가 크다.

동화 속의 오두막집처럼 작고 둥근 지붕의 터키탕도 있어 냉·온수가 흘렀다는데 거기서 보이는 하늘은 모두가 별모양이 되도록 탐미적인 문양까지 설치하였다면 이는 양귀비의 귀비탕이 부러웠으랴…….

인공호수의 시원한 바람을 끌어들여 피서를 즐겼던 천연 에어컨(?)의 흔적도 거기 있다는데 가히 환상이었던 모양이다.

아니 각처에서 불러들인 궁녀가 1만5천명이었다면 낙화암의 3천 궁녀는 조족지혈이란 말인가.

그러나 권력이란 결코 무한하지 못한 것!

1534년 저 유명한 무굴제국의 명장 하마윤(Hamayun)에 의해 정벌되고 만다.

비록 침략은 당했지만 완전하게 장악할 여유가 없었던 하마윤 치하의 허술함을 틈타 뒤늦게 정신차린 만두왕조의 패잔한 후예들이 절치부심 다시 힘을 모아 재탈환을 시도해 보았으나 끝내 기울어진 왕권을 다시 일으켜 세우지 못하고 1561년 무굴대제 악바르(Akbar)장군의 말발굽에 영원히 밟히고만 역사의 땅 만두.

주지육림속에 세월 가는 줄 몰랐던 백제왕조의 흥망과 후백제의 멸망을 보는 것 같아 괜히 착잡해지려 한다.

고금동서의 역사 속에 먹고 마시고 놀며 즐기기에 힘쓰면서 나라가 온전하기를 바라는 것은 마치 산에서 잉어를 낚으려는 것과 같다던 옛말이 새삼스럽다.

숯불덩이 같은 해가 저녁놀을 달군다.

덥기는 하고 무얼 마실까?

물을 안심하고 마실수 있는건 PET병으로 파는 미네랄 워터뿐이다.
여권이 소중하듯 물병은 늘 끌어안고 다녀야할 필수품이다.
BISLERI 1ℓ 한병에 10Rs, 그러나 20~35Rs까지도 부른다.
음료로는 자국산 캄파콜라, 탐스업, 림카, 골드스포트가 있으나
쎄븐업, 펩시콜라, 스프라이트가 우리입엔 안성맞춤이다.
이름모를 과일쥬스에 어설피 얼음 섞으면 배탈조심을 해야한다.
맥주는 세계 어디서나 가장 흔하고 쉽게 구할 수 있는 주류.
그러나 인도에서는 사치품으로 분류되어 보통의 위스키보다 오히려 값이 비싸므로 국내와는 사정이 다르다.
GOLDEN EAGLE, GURU, KING FISHER가 유명하다.
술은 도수높은 럼, 위스키, 아락이 있고 도수 낮은 코코넛술 Toddy가있다. 종교적인 이유로 술마시는게 자유롭지 못하며 심지어 드라이데이(禁酒日)까지 두고 있어 신경써야 한다.
창은 주로 인도북부 히말라야 가까운 지방에서 마시는 민속주로 술맛이 시골 막걸리와 같아 우리 입맛에 친숙한 술이다.

고성의 밤

성문으로 들어가는 길은 꽤나 꼬불꼬불하다.

외침에 대한 방어적인 냄새가 다분하다.

롯지에서 하룻밤 묵는 일조차 우리나라처럼 돈만 내면 되는 간단한 일이 아님을 여기서 또 겪는다.

일일이 여권의 사진을 확인하고 숙박카드를 작성 제출해야 겨우 밥을 먹고 잠을 잘 수 있으니 말이다.

전등불이 들어왔다 나갔다를 반복하는걸 보니 아마도 자가 발전기를 쓰기 때문인 것 같다.

이제 오싹 오싹 춥기까지 한 밤이고 보면 참으로 깊은 중부 고원지대에 든 걸 다시 실감케 한다.

어렵사리 수속을 마치고 방문을 여는 순간 앗뿔사 하마터면 외마디 소리를 지를뻔 했다.

제풀에 놀란 크고 작은 도마뱀 3마리가 하나는 침대 밑으로 또 한 놈은 화장실로 줄행랑을 친다. 제일 큰 녀석은 아예 벽을 타고 기어 오르더니 천장 구석에 콕 쳐박혀 꼼짝도 않는다. 도무지 무서워서 앉을 수도 설 수도 샤워도 할 수 없어 프론트로 뛰었다.

도마뱀이라고 아무리 외쳐봐도 전달이 되지 않는다.

할 수 없다 싶어 급한 김에 'Lacoste'라고 써보았지만 왜그러느냐는 투로 눈만 껌벅일 뿐 그것도 아무 소용이 없다.

메모지에 그림으로 그려보였더니 그제서야 알았다는 듯 저히들끼리 허허거리며 웃는다.

"이 사람아 지금 웃을 때인가"

화난 김에 우리말로 한마디하고는 같이 가보자고 했더니 다시 한 번 더 크게 웃고는 카운터 옆벽에 붙어있는 그놈을 가리키며 "No Problem"만 계속 되뇌이며 그냥 돌아가라는 시늉이다.

'그걸 가지고 뭘 그러느냐'

'그놈은 사람을 결코 해치지 않는다'

'걱정일랑 훌훌 털어 버려라'

아마도 그는 그렇게 말하고 있는 모양인데 도대체 무섭고 징그런 생각이 가시지 않는다. 그쪽은 태평하고 이쪽만 답답하여 그냥 되돌아 왔더니 글쎄 그 녀석들이 거짓말처럼 사라지고 없는 게 아닌가. 한바탕의 소동을 치르고 겨우 창가에 앉아본다.

밤 공기가 상긋한 탓이었을까 마음이 가라앉는다.

멀리 황실 영지가 한눈에 들어온다. 호수도 보이고 우산을 펴든 것 같은 성채 망루가 흑백의 실루엣으로 영화의 한 장면처럼 다가온다.

이토록 이국적인 전망은 인도에 와서 처음 맛보는 멋이다.

별볼일 없을꺼라고 만두 일정을 이틀밖에 짜놓지 않은 게 왠지 후회스럽다.

10시도 넘어 도착한 어느 인도인 부부가 옆방에 짐을 풀고는 테라스로 나온다.

부인은 여느 인도 여자처럼 오똑한 콧날에 큼직한 눈망울이 시원스런 미인이고 하얀 도티를 입은 남자는 콧수염이 멋지다.

부인이 방으로 들어간 다음 그는 내게 어느 나라에서 왔으며 하는 일이 무엇이며 왜 왔느냐고까지 여러가지를 묻는다.

혀가 동글동글 굴러가는 인도식 특유의 영어를 제법 잘 구사하고 있는 그는 변호사라고 했다.

대화중 만두의 역사에 대해서는 별 흥미가 없는지 오히려 나에게 역사 선생님이냐고 반문한다.

결국 그는 변호사로써 부라만에 대한 얘기와 여름 휴가의 즐거움 만이 신이나는 모양이다.

눈이 부시도록 새하얀 샤리로 갈아입은 부인이 사탕과 콜라를 내주어 고맙다고 손을 합장하며 "나마스떼(Thank You)"했더니 종교가 불교냐고 또 묻는다. 아무튼 이들은 종교에 대해서만은 매우 관심이 많은 사람들이다.

그와 한참을 이야기 나누면서 인도의 또다른 사회와 사람들의 삶을 이해할 수 있어 기뻤다.

폐허의 궁전을 바라보며 시원한 밤바람 속에 하늘을 흐르는 은하수를 본다. 너무나 인도적인 밤이다.

문득 찬란했던 중세 벽화속의 만두 왕궁을 거니는것 같은 환상에 빠져드는 느낌이다.

고요한 달빛마저 함께 춤추던 그 밤에…….

CITY OF JOY

아침에 제일먼저 찾아간 곳은 이 나라에서 가장 크고 훌륭하게 남아있다는 아프간 사원.

중동 사우디아라비아 옆 시리아의 다마스커스 대사원을 본떠 1454년에 세웠다는 크고 작은 돔들이 너무나 중후하다.

다이아몬드형과 별모양 등 기하학적으로 조각된 대리석 문양의 창틀과 아직도 알아 볼 수 있는 선명한 벽화들이 지금까지 보아온 힌두식 문화권과는 너무너무 다르다.

안마당엔 주위의 소음조차 숨죽인 정적이 흐르고 사원 뒤편에는 1435년에 죽은 호샹샤의 무덤도 있었다.

이 나라에서 제일 오래된 대리석 건축물로 기록되어 있는 보물급이라고 한다.

약간 힌두양식이 가미된 공법으로 건축했다는데 훗날 왕비를 잃은 샤-자한(Shah Jahan)이 타지마할을 짓기 전에 건축가들을 보내어 이 건물(묘당)의 양식을 기본으로 연구토록 한 다음 그것을 기초로 본을 떠 저 유명한 세기적 불가사의 타지마할을 지었다니 호샹샤의 무덤은 타지마할의 원조 격이라고나 할까.

묘당 입구를 들어서면 오른쪽 기둥에 1659년 무갈황제 샤-자한이 보낸 네명의 건축가가 호샹샤의 묘를 건축한 기사들에게 경의를 표한 문구가 지금도 선명히 남아 있다.

말하자면 대선배에 대하여 사부님(?) 대접을 한 것이리라.

아치형 창으로 빛이 새어들고 있는 실내 한가운데에 왕가의 대리석 관들이 놓여있다. 왕의 석관에 가장 크고 정교한 문양이 새겨져 있음은 두말할 나위가 없다.

무슬림 왕들의 묘소는 어디서나 독특하다.

그들은 왜 건물 안에 죽은 이의 관을 모셨을까?

그들이 살았던 생전의 공간처럼 죽어서도 그와 똑같은 영생을 꿈꾸어서 일까?

천장에서 새 한 마리가 후드득거리는 바람에 화들짝 놀라 뛰쳐나왔지만 그만큼 우리는 지금 너무 먼 곳까지 와 있음이다.

만두 유적 중 백미라고 일컫는 로얄 구역은 거기서 한참을 걸어야 했다. 오늘은 더위 걱정이 아니라 옷깃 속으로 선들선들 파고드는 시원한 바람이 상쾌하다. 과연 여름 왕궁이 들어설 만한 명당(?)자리 임에 틀림없다.

외벽의 경사 때문에 흔들리는 궁전으로 불려온 힌돌라 마할은 생각보다 원형이 잘 보존되어 있었다.

임금님의 알현실이었다는 이곳은 내부를 모두 터서 큰 홀로도 쓸 수 있고 중간 중간을 막아 작은 홀을 만들어 여러 부류의 사람들을 한꺼번에 만날 수도 있게 만든 구조가 재미있다.

또 건물 안을 감싸고돌며 만들어진 넓고 경사진 비탈길은 왕이 코끼리를 탄 채 2층으로 올라갈 수 있도록 특수 설계했다니 그 배려와 튼튼함이 가상하다.

좌우에 각각 인공호수를 만들어 놓고 길이 120m에 넓이 15m의 물위에 뜬 배모양으로 축조했다는 자하즈 마할은 그 특성 때문에 배의 궁전이라 불렀다고 한다.

색깔 있는 타일로 장식된 내부엔 어김없이 갖가지 모양의 노천 풀장도 여럿 있었다.

양쪽 호수 가운데 떠있는 배의 궁전 '자하즈 마할'의 웅장한 모습

그 주위로 줄줄이 늘어섰을 기쁨조(?)의 여인들은 또 무릇 기하였을까.

배의 궁전은 한시대의 부와 왕권을 유감없이 보여주고 있지만 그것도 도가 지나쳤던지 아버지의 도락에 질린 아들이 노구의 부왕(父王)을 독살한 현장이기도 하다.

잔잔했던 호수가 바람결에 출렁인다.

아닌게 아니라 배의 궁전이 물결에 밀려 춤이라도 추려는 듯 금방 뒤뚱거릴 것만 같다.

다시는 옛날의 황금기로 되돌아갈 수 없는 흔적들만이 폐허로 남아, 서성이는 나그네의 감상만 더욱 자극한다.

인도르 박물관

새소리에 잠을 깼다.

7월 23일 너무나 상쾌한 산촌의 아침이다.

도마뱀이 궁금하여 여기저기를 기웃거려 보았으나 그 녀석들은 아직도 숙면중인지 자취를 찾을 수 없다.

눈에 띄었더라면 분명 또 놀랬을 게 뻔했을 텐데 그 녀석들이 안 보이니 심술궂게도 섭섭(?)하다.

안개 자욱한 바깥 세상은 강원도 정선 구절리쯤의 깊은 산중 마을인양 이른 아침이 너무 조용하다.

놋그릇 둥근 물 항아리를 머리에 인 여자들이 삼삼오오 무리지어 가고 온다.

식구들의 아침식사를 준비하려는 아낙들임에 틀림이 없으리라.

그 뒤로 어린 소녀들도 조그만 물 항아리를 머리에 인 채 따라가고 흑염소 떼도 졸졸 뒤따른다.

샤리로 반쯤 가린 얼굴속에서 여인들도 궁금했던지 곁눈질로 슬쩍슬쩍 바라본다. 가끔씩 힐끔거리다 서로 눈동자끼리 반짝 마주친다.

여인들은 수줍은 듯, 바라보지 않은 듯, 샤리를 훔치곤 땅만 쳐다보며 지나간다.

저들 만두왕조의 후예들과도 결국 헤어져야 하는 오늘 일정은 라

인도의 '디트로이트'라 할 인도르, 시내는 숨막힐 듯 복잡하고 노상에 고인 하수의 악취는 A급 이상이었다.

자스탄 행이다. 다르까지 33㎞, 거기서 인도르 까지는 66㎞, 그리고 우다이푸르까지라면 15~17시간을 달려야 한다.

엊그제보다 두곱이라고 생각하니 현기증이 날것같다.

그래도 어쩌랴 떠나야지……

'그대 거기 가보라고 누가 떼밀었던가?'

그 한마디로 자문자답하면서 다르 경유 2시간 반만에 도착한 인도르는 듣던 대로 인구 백만의 공업도시 인 것을 금방 알아차릴 만큼 매우 혼잡스럽다.

옷감 산업 정도에 머물렀던 이곳에 대규모 공장지대가 형성되면서 오토바이와 오토릭샤를 만드는 바자즈 회사를 비롯한 교통관련

공장들이 많아 인도의 디트로이트라 불리는 곳.

시내엔 비집고 들어설 틈도 없이 온갖 자동차와 사람들과 오토릭샤가 넘쳐흐른다. 심히 내뿜는 매연으로 대기가 온통 뿌옇다.

도심으로 들어갈수록 더욱 심하다.

줄줄이 늘어선 상점과 공해와 소음 속에 소들까지 어슬렁거리며 차량소통을 방해하고 있어 온몸에서 땀이 줄줄 흐르고 자꾸 기침까지 나려한다.

출국때 마스크 준비를 몇번이고 강조하더니 이래서 필요했음을 이제야 알 것 같다.

어젯밤의 추억, 아니 오늘 아침의 그곳 산중마을 만두 성의 싱그러움이 벌써 그립다.

'이거 잘못 왔나봐'

'이제라도 인도르 포기하고 빠져나가는 게 나을까?'

'누가 인도르로 돌아가자고 했어? 누구야?'

'아이구 머리야!'

'오 - 신이여……'

넋두리만 허공에 날릴뿐……

그러나 예까지 달려온 정성이 너무나 큰터에 오자마자 포기할 순 없잖은가.

여행이란 늘 그러했듯이 안가보곤 궁금하고, 포기하면 후회스럽고, 만나보면 그래도 좋았었다.

무엇 때문인지는 알 수 없으나 구시가지 '카주리 바자르'로 가는 버스가 가다서다를 반복하더니 어물정 40여분을 먹어버린다. 이렇게 되면 오늘 갈 길에 큰 차질이 올건 뻔하다.

아쉽지만 올드 팰리스와 칸치 만디르는 포기하고 시내 박물관으로 방향을 돌렸다.

지역 향토사(鄕土史) 박물관을 훑어보면 그나마 서운함을 달래면서 이곳 사람들의 약사(略史)를 엿볼 수 있기 때문이다.

멀리멀리 달려온 나그네의 심정을 위로라도 하려는 듯 이제막 문을 연 박물관은 조용하고 깨끗한데다 무료 입장이라 약간 위안(?)이 되려한다.

중앙에 홀이 있고 좌우전시실이 아래위층으로 진열된 내용들은 대부분 굽타(Gupta)시대로부터 파라마라(Paramara)시대에 이르기까지의 돌 조각품이었다.

너무 많은 유물들이 실내를 빼곡하게 메우고도 또 남아서인지 바깥 정원에까지 귀한 작품들이 그냥 햇빛에 달궈지고 있는 게 안쓰럽다. 힌두와 불교에 얽힌 이야기들이 자세하고도 정교하게 새겨진 저 돌 조각 한 점만 있어도 국보급은 실히 될 것 같은데 말이다.

제2전시실 한가운데 보물처럼 유리관속에 곱게 모셔진 산치대탑 미니어쳐 앞에선 아쇼카대왕의 첫사랑 이야기에 푹 빠져 넋을 잃고 말았다.

산치대탑

BC 273년은 이 나라에 너무 큰 족적을 남긴 아쇼카(Ashoka)왕이 마우리아 왕조의 왕으로 즉위한 해다.

자그마치 2,272년 전의 일이다.

청년시절 그의 아버지는 산치마을에서 머지 않은 바디샤지방 총독이었고 아쇼카는 어찌어찌 하여 이웃 동네처녀를 사랑하게 되었으나 다음에 꼭 데리러 오겠노라 약속만 남기고 이별.

그러나 성춘향과 이도령식 사랑이라는 게 어디 마음 대로 쉽게 돌아올 수 있는 것이던가.

그후 성장한 아쇼카는 왕위에 올랐고 인도 통일이라는 큰 과업에 골몰한 나머지 젊은날의 약속을 까맣게 잊은 채 전쟁터에서 세월은 덧없이 흐르고…….

소녀시절 풋사랑의 데비야 아씨에게는 아쇼카와의 인연으로 마헨드라라는 사내아이를 얻었으나 처녀의 몸으로 숨어 살 수 밖에 없었던 게 그 시대의 율법인지라 온갖 인고를 참아 내던 중 통일전쟁이 끝날 무렵 가슴속에 숨겨두었던 신표(信標)를 아들에게 내주곤 아쇼카왕을 찾아가도록 떠나보낸다.

낯선 청년으로부터 사연과 신표를 받아든 왕은 기쁘고 당황한 나머지 아들을 앞세워 사랑했던 여인을 찾아 나섰으나 그녀는 이미 하늘나라 사람이 된 뒤였다.

땅을 치고 안타까워한들 이제는 소용없는 일.

왕은 아들과 그 어미의 소원 대로 무덤 위에 부처님의 사리를 모셔 스투파를 세우도록 허락하였으니, 한 여인의 사랑과 불심의 결정체인 산치대탑은 그런 사연 속에 이 세상에 태어났고 그 일이 있은 후 이 나라에 불사(佛事)가 크게 일어났음은 물론이다.

지난 1984년 12월. 유니온 카바이트공장 가스 사고로 3천여명의 많은 인명이 희생돼 온 세계가 시끄러웠던 보팔시(市)에서 북동쪽으로 70km 떨어진 작은 마을 산치. 실제로는 부처님의 생애와 아무런 관련도 없으면서 인도 불교 유적지 가운데 빼놓을 수 없는 곳 중 하나다. 아쇼카왕이 사랑했던 여인을 위해 세웠다는 거대한 스투파가 거기 원형대로 남아있기 때문이다.

스투파(Stupa)란 '흙을 쌓아 올린 것'이라는 뜻의 산스크리트어로 본래는 부처님의 사리를 묻고 그 위에 돌이나 흙을 쌓아올려 만든 무덤이라는 뜻이었다.

그러나 세월이 지나면서 그것은 차츰 예배의 대상이나 혹은 공덕을 쌓는 종교적 행위의 하나로 바뀌었다.

아무리 천하제일의 힘센 장수였지만 여인의 순정으로 내면이 바뀐 아쇼카왕은 인도를 통일한 뒤 나라 전역에 불심 가득한 많은 스투파를 세워 남겼다. 미니어처의 원형인 대탑의 실제 높이는 16.4m이며 원의 지름은 36.5m나 된다고 한다. 언 듯 보기엔 마치 바릿대를 엎어놓은 듯 둥그스름 할 뿐이다.

자세히 살펴본 기단 위에는 반구형의 탑신도 있고 기단과 탑신 중간에는 둥글게 길도 만들어 탑돌이를 할 수 있게 해놓고 있다. 난간 모양의 사각형 울타리는 외부로부터의 파손을 막기 위함인 듯 했으며 동서남북에 방위를 찾아 4개의 문을 두고 있다.

토라나(Torana)라고 이름한 탑문에는 양쪽 돌기둥을 연결하는 세 개의 대들보가 가로질러 있어 눈에 많이 익은 느낌을 준다.

더욱 시선을 사로잡은 것은 탑문과 들보 표면에 새겨진 온갖 형상의 부조물들이었다.

설명에 의하면 부처님의 일대기와 전생설화를 비롯해 아쇼카왕의 행적까지 형상화시켜 놓은 것이라고 한다.

그런데 어디에도 부처님 상은 보이지 않았다.

그것은 이 탑이 세워질 무렵의 불교미술이 무불상(無佛像)시대 였으므로 감히 부처의 얼굴을 직접 묘사하지 못하고 고도의 상징적 은유로 연꽃, 코끼리, 보리수, 법륜 등을 대신 모셔놓았다고 한다.

아쇼카왕 석주(石柱)의 맨 꼭대기에 새겨놓은 사자상이 오늘날 이 나라의 국장(國章)으로 채택돼 온갖 국가문양이나 화폐에까지 나라를 상징하고 있음은 대단한 의미가 아닐 수 없다.

'역사란 과거와 연결된 살아있는 대화'라고 했다던가.

인도화폐에 새겨진
아쇼카대왕석주 사자상

고원 사람들

비록 공해는 극심했지만 인도르를 찾아간 건 매우 잘한 일이었다. 거기 박물관이 있었으니까.

일정을 서둘러 또 달린다.

비록 작렬하는 복사열이 차창을 통해 찜통더위로 훅훅 밀려들지만 그러나 공해가 아닌 대지의 흙바람이 풀 잎새에 실려와 머리를 식혀주니 고맙다. 인가조차 보이지 않는 텅빈 대지를 오직 하나의 동선 신작로를 따라 버스가 달린다.

가끔씩 비켜가고 앞서가는 화물차들의 요란하게 치장한 겉모습이 유일하게 재미 꺼리를 더해준다. 버스가 다시 고원으로 오르는 듯 힘겹게 씩씩거리며 더 큰소리로 붕붕거린다.

휴게소가 지근에 있었던 건 큰 다행이었다.

차가 정차하면 으레 본네트를 열어보는건 조수가 해야할 일의 기본인 모양이다. 고무 타는 냄새 비슷한 악취가 코를 찌른다.

차에서 내려 목운동과 팔다리운동을 하고 있으니 현지 사람들이 죄다 쳐다본다.

달밤에 체조가 아닌 한낮에 체조인지라 이 사람들 눈엔 더위 속에 죽기로 작정한 사람으로 보였는지도 모른다.

조수가 힘겹게 엔진을 손보고 있는 동안 운전사는 한쪽에서 팔자좋게 물바가지를 뒤집어쓰고 있다. 기가 막히게 시원하다는 표정을

뜨듯 미지근한 흙탕물이 저리도 시원할까!

지으며 같이 하자고 어서 오라 손짓한다.

멀리서 보았을 땐 정말 괜찮게 보였기에 가까이 다가갔더니 맙소사 그물은 미적지근한 흙탕물이었다.

어찌 같은 물을 보고도 이들은 저렇게 시원해하는데 우린 혐오감이 앞설까. 갑자기 원효대사의 유심조론을 생각케 한다. 아마도 우리는 아직 저들만큼 행복할 능력을 덜 갖추었는지도 모른다.

정글을 닮은 듯 수목이 무성했던 대평원이 지나고 갈지자로 꼬불꼬불한 민둥산을 기어오른다.

다시 밋밋한 길이 이어지고 듬성듬성한 나무들 사이에 초원인지 풀밭인지 그저 그런 구릉지대를 한시간도 더 달리는것 같다.

그러고 보니 아침부터 11시간째 달리고 있다.

긴긴 하루해가 어느새 석양에 목을 매려는지 불그스레하다.

해발이 제법 높아진 듯 홍건했던 땀방울이 조금씩 가라앉는다.

멀리 몇 채의 움막이 보이고 주위에 소들이 풀을 뜯고있다.

눈을 감아도 자꾸만 떠오르는 고원의 아이들

그런 곳에 휴게소나 챠이집이 있을리 만무였으나 고달픈 버스를 위해 잠시 정차한단다.

덜덜이 자동차 때문에 인간이 고마워 해야할 입장이다.

그곳엔 작두펌프가 박혀 있는 우물이 있었고 사람과 소와 양들이 함께 살고 있었다. 한 지붕 밑에서 하나의 공간 속에서 그 모든 살아 움직이는 소중한 생명들이 같이 살고 있었다.

특별히 동네를 이룬 것도 아니고 담장이나 사립문조차 없다.

흙벽에 갈잎과 풀숲으로 지붕을 이은 속에 한쪽은 소와 양들이 반대편에는 아빠와 엄마와 아이들이 살고 선가래 위엔 닭들도 몇 마리 함께 있었다.

오직 다른 점이라면 소들이 있는 쪽엔 똥 뿐이었고 사람이 있는 곳엔 냄비와 양은접시가, 그리고 옷가지 몇 개가 걸려 있을 뿐이다.

그래도 그들은 별다른 불편이 없는 듯 아무런 근심걱정의 티라곤 찾아 볼 수가 없다.

어설픈 동정심에 눈시울이 핑도는건 양심의 사치였을까.

기어이 견디지 못하고 아이들을 불러 루피(Rs) 몇 잎을 주었다.

조무래기들은 그게 돈인지도 모르면서 받는 눈치다.

여나무살 쯤된 여자 아이는 쉽게 받지 않고 엄마 뒤로 숨는다.

내고향 금산(錦山)의 아이들도 몇년전까지 그랬었다.

엄마와 아빠에게 2장씩을 건네주었더니 내외간에 한 장씩 나눠갖고는 한사람 몫은 되돌려준다.

그리고는 갑자기 부산을 떤다.

아무래도 수상쩍어 "챠이-챠이-"하고 시늉을 해보였더니 고개를 끄덕인다.

아니다. 차라리 냉수를 퍼마시는 게 낫지 어찌 이들의 양젖을 한 방울이라도 축낸단 말인가. '안먹었지만 먹은 것이나 진배없다'고 온갖 수단과 방법을 동원해 바디랭귀지를 해보였다.

아까 되돌려 받은 두장의 루피를 다시 그 엄마 손에 쥐어주고야 겨우 돌아설 수 있었다.

그들은 아니 꼬마들 모두가 뒤쫓아 나와 손을 흔든다.

멀리멀리 너무 멀어져 안보일 때까지 우리도 함께 손을 흔들어 주었다. 그렇다 우리는 분명 저 사람들보다 행복할 능력이 부족한 가운데 살아온 거다.

빨갛던 석양도 까맣게 된지 오래, 이제는 동서남북 어디를 향해 가는지 분간이 안된다. 잘해야 오늘 중에 숙소를 만날거라며 아직도 4, 5시간을 더 달려야 한다는데 몹시 지루하다.

몸전체가 마구 뒤틀린다.

의자를 길게 누이고 잠을 청해보지만 아까 만났던 고원의 아이들 얼굴만 자꾸 초롱초롱 다가온다.

4

푸르 - 푸르 -

라자스탄

'아우랑가바드'나 '아마다바드'처럼 지역이름의 끝에 '바드'가 붙어있는 곳은 예전에 무슬램이 지배했던 회교권의 잔재이고 '자이푸르'와 '우다이푸르'처럼 '푸르'로 끝나는 지명은 대개가 힌두교 지배 지역의 산물이다.

물론 반드시는 아니지만 그렇게 보면 틀림이 없다.

어제 열 일곱 시간의 강행군 끝에 새벽 1시, 비몽사몽간에 기어들어온 곳은 우다이푸르 시티.

그러니까 한밤중 버스에서 잠시 곯아 떨어졌던 사이 마드야 프라데쉬 주(州)로 들어온 셈이다.

야심한 밤중에 하루의 여정을 겨우 접고 주린 배를 채웠으니 금방 잠이 올리 만무다.

옥상에 올라 비닐의자에 걸터 앉아본다.

생각보다 바람이 매우 상쾌하다. 가까이에 나무가 많은 것 같다. 어디서 알아 차렸는지 모기떼가 1개 중대 쯤 달려온다.

인도는 색이 강한 나라라고 했다.

그 중에서도 더욱 색깔이 유별난 지역으로 꼽히고 있는 게 바로 이곳 라자스탄 지구다.

도처에 흐드러지게 피어 있는 여름 꽃들의 색깔도 진하거니와 준사막에서 거칠 것 없이 날개짓을 펴고있는 야생 공작(새)의 색깔도

조하르 / 자우하의 전통을 아직도 지키고 있다는 라자스탄 사람들

너무너무 현란하다고 들었다.

그런 자연과 함께 어우러져 사는 라자스탄의 여인과 그녀가 풍기는 의상, 관습, 치장들이 매우 강렬함은 그 어느 누구도 그냥 지나칠 수 없도록 만들어 버린다는데 어디 두고 볼 일이다.

물경 B.C 3천년대부터 사람이 살기 시작 했으나 인디아의 일원으로써 확실하게 흔적을 남기기 시작한 것은 인도대륙 전역에 걸쳐 강대한 통합세력을 이루었던 찬드라 굽타(Gupta) 왕조시대부터라고 한다.

소위 지배자 계급으로 불리우던 무사족 라지프트(Rajput)들의 삶이 곧 라자스탄의 역사로 기록되고 있어 용맹스러운 부족이었음을 은근히 자랑하고 있다.

라지프트들은 12세기 중엽 터키에서 시작된 강력한 회교세력집단 무하마드 촐리군과 350년 동안이나 심한 전투를 버리면서도 결코 영토를 빼앗긴 일이 없는 신화적인 이야기를 간직하고 있다.

일부 변방지역이 적군의 손아귀에 잠시라도 들어가는 날이면 라지푸트의 여인들은 우선 후대를 잇기 위해 아이들을 멀리멀리 안전한 곳으로 먼저 대피시킨 다음 결혼식 때 입었던 원색의 화려한 옷으로 갈아입고 남편에게 작별인사를 고한 다음 광장에 마련된 거대한 장작더미 불 속으로 뛰어들어 스스로 집단 자결 의식을 치렀다고 한다.

부인들의 자결을 지켜본 라지푸트들이 숯덩이가 된 부인 시신의 재를 이마에 바르고 노란색 겉옷을 걸치면 죽음만이 기다릴 뿐인 전쟁터로 돌진하였다니 '생즉필사요, 사즉필생'이었음은 두 번 생각할 필요조차 없는 우국충정이 아닐 수 없다.

라자스탄을 지켜온 라지푸트들의 전투사에 종종 등장하고 있는 이 신화같은 이야기는 그후 여러 형태로 극화되어 조하르/자우하(Johar/Jauhar)란 이름으로 지금도 전해 내려오고 있다.

우리 역사에도 전쟁터에 나가면서 자기 가족들의 목을 먼저 베고 출정했던 백제 말의 계백장군이나 적군의 손이 닿기 전에 미리 백마강에 꽃다운 목숨을 스스로 던졌던 3천 궁녀들의 애처롭고 비장했던 이야기가 있다.

얼른 생각하면 엇비슷한 사연과 사건처럼 보여지면서도 그러나 백제의 경우는 애석하게도 사후 약방문에 불과했던 반면 이들의 행위는 사전대처로 전전전승의 효과를 극대화시킨 여인들의 희생과 지혜였다.

'이 한 몸 불살라 나라가 산다면……'

우리의 노랫말에도 자주 등장했던 이야기의 실체를 여기와서 만나게 될 줄이야…….

해뜨는 도시

늦게 잠든 간밤이 아직 채 밝기도 전인데 웬 확성기의 금속성 소음이 저리도 시끄러울까.

웅변도 아니고 노래도 아니고 흐느낌도 아닌 것이 이들의 사원 어디선가 아침경을 읽는 모양이다.

여름날의 여행자는 잠을 푹-자두는게 보약보다 나은 법인데 자꾸 눈꺼풀이 무겁게 내리 누른다.

다시 잠을 청해봤으나 이미 산통은 깨진것 괜히 뒤척거리며 게으름을 피워봤자 모양만 사납고 죄없는 허리만 더 뻐근 할 뿐이다.

우선 동서남북이라도 알아둘 요량으로 바깥 공기를 쐬며 숙소를 가운데 두고 가볍게 한바퀴 돌아보았다.

이제는 사원의 확성기 소리도 그치고 사방이 조용하다.

열대 우림처럼 울창한 나무들이 상쾌한 아침을 열어주어 그나마 기분이 좋아지고 있는데 "깍-깍-깍-" 새까만 까마귀들이 지저귀는 소리가 귀에 거슬린다.

자세히 쳐다보니 까마귀나 까치나 그게 그것인것 같아 굳이 기분 나빠 할건 없을 성싶다.

여행자의 아량은 이래서 더욱 넓어지는 것 아닐까.

신의 화신 라마(Rama)의 아들이 태양신과 인연을 맺음으로써 탄생했다는 메와르(Mewar) 왕조가 인도 독립 이전까지 1천4백여년을 지켜온 이 땅은 피촐라 호수 등 물이 풍부하기로 유명하여 '호반의 도시'라고도 하고 달빛 아름다운 보름밤이 아닐지라도 낭만적인 환상에 젖어들기 충분한 매력이 있다하여 '동양의 베니스'라고 일컬어온 곳이다.

서쪽으로 피촐라 호수가 시원하고 동쪽으로는 숲속의 다운타운이 한눈으로 내려다보이는 언덕 위의 시티 팰리스(City Palace) 대리석궁이 지금은 박물관으로 개방되고있어 입장료만 내면 누구나 편히 들어갈 수 있다.

정원 한쪽에선 요란스럽게 치장한 코끼리가 구경온 사람들을 한 가로이 태워주기도 하고…….

겉으로 보기에 엄청 큰 궁의 외모에 비하면 내부의 구조와 층계들은 상대적으로 너무 비좁은 감이 없지 않다.

두 사람이 겨우 지나갈 정도의 좁은 계단을 오르는 일은 답답했으나 위층 발코니에 올라 호수를 내려다보니 무척 시원하다.

미로 같은 통로를 사이에 두고 올망졸망한 방들과 화려한 대리석 조각의 욕조가 눈길을 끈다.

동서고금 어디를 가나 목욕이란 좌우간 좋은 것이었나 보다.

지존의 방들은 화려와 호사의 극치가 철철 넘친다.

온통 거울조각으로 장식된 방도 있었고 그림을 유리로 씌워놓은 곳도 있었다. 스테인드 글래스처럼 유리에 색을 입힌 것도 많고 유리자체에 문양을 넣어 벽과 창문과 천장에까지 가득차게 만들어놓은 방도 있었다.

너무나 현란스러운 유리와 거울의 치장들이 오히려 정신을 어지럽게 만든다. 그땐 아마도 유리와 거울이 최고의 보배였었나 보다.

감히 어림없는 소감이지만 이들은 왜 그좋은 여백의 미(美)를 몰랐을까 아쉽다.

그 시절 동서양의 교류가 있었는지 조차 희미하던 때에 이 사람

해뜨는 도시 우다이푸르의 태양신이 모셔진 시티 팔래스 궁

들이 숭배했다는 태양신 상(像)이 어쩌면 멕시코 쪽의 태양신과 저리도 닮아있을까.

매일 아침마다 동쪽을 향해 떠오르는 태양신에게 예배 함으로써 하루를 열었다는 메와르 왕조의 '해뜨는 도시' 우다이푸르는 그래서 그랬는지 결코 외침이 없었다고 자랑한다.

백성들이 사는 시가지의 모습을 한눈으로 내려다볼 수 있는 발코니에 앉아본다.

하얀 대리석판을 깍아내어만든 돌(石)창살이 나무(木) 조각품보다 더 세밀하고 정교하다.

호수 쪽에서 불어오는 바람이 온몸의 땀을 일시에 식혀준다.

명당중의 명당 그곳은 왕비의 놀이방이었다고 한다.

크리슈나 꾸마리

우다이푸르와 조드푸르 그리고 자이푸르는 7백~1천리의 거리를 두고 3각 구도로 지역을 안배하고 있다.

지금은 다같이 인도땅 라자스탄 주에 속해있어 푸르 - 와 푸르 - 끼리 사이좋게 지내고 있지만 먼 옛날에는 화친을 했는가하면 치열하게 전쟁을 치룬 일도 있었다는데 바로 그 시절 이곳 왕실에 16세의 꽃다운 공주 크리슈나 꾸마리가 있어 그 미모가 얼마나 출중했던지 발없는 소문이 바람타고 1천리까지 뻗었다고 한다.

조드푸르와 자이푸르의 왕들이 그 소문에 어찌할 바를 모르고 서로 다투는 바람에 평화롭던 라자스탄 지역이 전운에 휩싸이게 되었고 공주가 살고 있는 우다이푸르 왕실조차 이웃의 경쟁적인 다툼으로 진퇴양난에 빠져 어찌할 바를 모르는 처지가 되고 말았다.

날마다 수심이 가득한 아버지의 걱정이 자기 때문이라는 사실을 알게된 공주는 효심어린 자책을 견디다 못해 스스로 자결함으로써 나라와 아버지의 곤경을 구했다는데.

그런 이야기를 설명 들으면서 애절한 사연이 서리서리 담겨있을 크리슈나 빌라스(Krishna Vilas) 전시실에 들어서니 아름다운 세밀화에 꽃다운 향이 가득 풍겨온다.

다른 방처럼 호사스러울 것도 없고 대리석 문양이나 거울 치장들이 요란스러울 필요도 없었을 애틋한 나이 16세의 소녀 공주 크리

인도의 효녀심청 크리슈나 꾸마리가 거처했던 방에서 내려다 보이는 우다이푸르시내 전경.

슈나 꾸마리.

단아하면서도 머리칼 한 올까지 일일이 손으로 그려 넣었다는 세밀화들을 감상하면서 중국이나 우리 나라의 옛 공주마마들이 구중궁궐에서 여인의 도(道)를 익히기 위해 오랜 세월을 두고 자수를 하며 공주의 기품을 지켰다던 이야기가 자꾸 오버랩 된다.

게다가 16세 그 어린 나이에도 아버지 부왕의 근심이 자기 때문이요 왕실과 나라를 위해서라면 내 한목숨 기꺼이 버리지 못하랴 했다던 조하르/자우하 정신을 여기서 새삼 엿본다.

부족함이나 근심걱정 따위는 결코 없을것 같은 호사의 극치 궁중생활도 결국은 인간의 삶이기에 우리들 누구나가 겪고 사는 애환과 피장파장 마찬가지였던 모양이다.

궁밖으로 나서니 발걸음이 오히려 가볍다.

대리석도 녹일 듯 쏟아 붙는 한낮의 태양이 불볕이다.

묵직했던 마음도 달랠 겸 호숫가를 거닐어 본다.

가슴이 확 - 트인다.

과연 호반의 도시 우다이푸르의 자랑 피촐라 호수다.

넓디넓은 호수 가운데 떠있는 두 개의 하얀궁은 한 폭의 그림이었다.

그림엽서에서만 환상으로 보아왔던 레이크 팰리스, 물위의 백색궁전이 바로 거기 있었다.

지금이야 소문난 고급 호텔로 바뀌어 누구나 잠도 자고 밥도 먹을 수 있다는데 숙박객이 아니면 구경삼아 들어 갈 수만은 없다고 한다.

그냥 유람선 타고 호수를 돌며 물 위의 궁전을 밖으로 한바퀴 돌아보는 것만으로 일인당 100루피씩을 내라는 데는 해도 너무한 것 같은 생각이 들어 포기하고 말았다. 그돈이면 저녁먹고 하룻밤 숙박을 할 수도 있는 거금이 아닌가 말이다.

아서라 이럴 바에는 자존심 상하게 왕궁 근처에서 어정거릴게 아니라 시내로 들어가 보통 사람들이 사는 곳에서 그들의 진솔한 삶의 편린이라도 주어볼 일이다.

'Lok Kala Mandar 민속박물관'은 골목지고 후미진 곳에 있었다.

이런 곳에 무엇이 있으랴 했는데 그런 기우를 말끔히 씻어준 그곳엔 라자스탄지방의 전통의상과 생활기구 그리고 갖가지 인형과 가면들을 전시한 알짜배기 박물관이었다.

인도네시아 등 동남아 인형과 CCCP(구 소련) 인형까지 전시돼 있음은 너무나 놀라운 일이다.

KOREA란 푯말이 붙어있지 않았으므로 우리 것이라고 우길 순 없으나 어쩌면 우리의 전통가면 각시탈과 하회탈, 도깨비탈 등과 너무너무 닮은 탈바가지들이 저리도 많을까

참으로 알 수 없는 이상한 일이라는 생각이 자꾸 꼬리를 문다.

출구쪽에선 인형극도 보여주고 있었다.

전형적인 인도왕실의 여인상

침침한 공간에서 나무의자에 걸터앉아 25분간 감상한 인형극은 조금 유치한 듯 그러나 매우 속도감 있는 중세 인도식 사랑 이야기를 너무나 리얼하게 전개시킨다.

사랑의 성전(性典) 카마수트라를 신파극조의 인형극으로 보여준 막후의 연출자가 단 한사람의 솜씨였음을 뒤늦게 알았을땐 유치하다고 속단했던 자신이 몹시 부끄러웠다.

한사람의 양팔놀림에 등장인물(실에 매달린 인형)이 어쩌면 그렇게도 여럿일 수 있는지…….

꼭 알고 싶었던 그 궁금증은 지금도 수수께끼일 뿐이다.

별난 인형극을 별난 곳에서 별나게 감상한 오늘.

그러나 두고두고 오늘의 인형극을 잊을 수 없을 것 같다.

명작이 따로 있다더냐.

"STOP ! STOP !"

같은 숙소에서 두 밤을 잔다는 건 엄청난 여유다.

풀어놓은 배낭이 그냥 어질러진채 놔둬도 좋고 밀렸던 빨래가 그 사이에 끝장이나 뽀송뽀송한 맛이 매우 상쾌하다.

이럴 땐 배낭 무게가 한결 가벼워짐을 어깨가 먼저 느낀다.

그리고 아무려면 충분한 수면 보충으로 피곤을 말끔히 풀 수 있어 더 더욱 좋다.

집 떠난지 열흘, 찬란한 일요일 아침이 '해뜨는 도시' 답게 환상적으로 밝아온다.

오늘 가야 할 조드푸르까지는 지도상으로 291km, 줄잡아도 7백리 길 인데 아부산 큰 고개를 넘어야 할 일이 만만치 않은 행로다.

버스 운전 기사는 언제나 처럼 더욱 정숙한 태도로 자동차의 핸들과 패달에 손을 가져다 대곤 다시 자기 이마로 옮기면서 무엇이라 중얼중얼 아침기도를 열심히 외운다.

아무리 보아도 부러운 지극 정성의 믿음이다.

차가 시내를 빠져 나오자 이내 산길로 접어든다.

데칸고원의 빈드야 산맥을 넘어오면서도 만나지 못했던 꽤나 험준한 산악 속으로 자꾸 기어오른다.

상쾌하고 시원한 바람이 차창으로 날아드는 게 기분만은 좋았으나 덜덜대는 버스는 꽤나 힘겨운 듯 계속 붕붕거린다.

배탈 때문에 온종일 "STOP-STOP"으로 별명이 붙어버린 귀여운 소녀들.

덕유산의 육십령 재를 오르는 것 같기도 하고 산자락 중간중간에 척척 걸쳐 있는 구름들을 보면 지리산을 기는 것 같기도 하다.

처음에는 시원하고 멋지다는 생각에 "우-" "와-" 탄성도 지르며 카메라까지 꺼내어 수선도 피웠으나 그것도 잠깐 재넘기 조심스러운 마음에 침묵 할 수밖에 없었다.

힘겨운 고갯마루를 막 넘었을 때 누군가 뒷자리에서 차를 급히 세운다.

아까 우다이푸르를 떠날 때 버스 정류장에서 천진스럽게 재잘대며 밝은 웃음으로 말대꾸를 받아줬던 여학생 아이가 하얀 얼굴로 배를 움켜쥐고 있다.

물어보진 않았지만 배탈난 게 분명 하잖은가

이럴 땐 지체할 것 없이 세계 공통어로 "Stop - Stop - "하는 게 최고의 수단이요 방법이다.

맘씨 좋은 운전 기사가 차를 세우자 학생은 쏜살같이 내렸고 다른 사람들도 덩달아 밖으로 나와 이첨저첨 볼 일도 보며 고지의 싱그런 산바람을 마음껏 들이켰다.

태고의 산마루에 원시의 정글을 배경으로 한 국민체조(?) 한마당이 컨디션을 한결 가볍게 풀어준다.

어린 여학생아이는 배가 아파 거시기 하러 갔는데 다른 사람들은 그덕을 보너스로 보고있으니 인생만사 새옹지마임은 틀림없는 명언이다.

'자 - 그럼 또 가봐야지…….'

고갯길을 2~3분쯤 내려왔을 때 뒷자리에서 또 "Stop - Stop - "이 튀어 나오는 게 아닌가 '시간 없는데 아까 볼일 안보고 누구람?'

짜증스런 순간이었으나 알고 보니 다른학생 하나가 덜 탔다고 안절부절이다.

그렇다면 이유 없이 또 "Stop - Stop - "아닌가.

차를 돌릴 수도 없는 외딴길, 후진도 할 수 없는 내리막길, 버스는 다시 서고 사람들은 웅성웅성 다시 내리고, 이럴 때 와글와글 시끄럽기는 이들이나 우리나 마찬가지였다.

기사도(?) 정신을 발휘하여 고갯길을 뛰어오르려니 숨이 턱에 차올라 금방 이라도 심장이 터질 것 만 같다.

그래도 어찌하랴, 아무나 누구라도 서둘러 뛰고 또 뛰어가 봐야 할게 아닌가.

혹여 인도산 벵골 호랑이라도 출몰했다면……

아니 야수같은 못된 놈이라도 만났다면……

땀방울이 비오듯 온몸이 후줄근해졌을 때 건너편 산모퉁이에서

가물가물 들려오는 외마디의 사람 소리!

"……"

"사람 살려 - "했는지 "아저씨 - "했는지는 알 수 없으나 아 - 그때의 기쁨이라니, 오르막길이 힘들면 얼마나 힘들랴

용기 백배 뛰고 달리고 또 뛰었다.

마음이 급한 탓인지 세상에나 그때처럼 발걸음도 무거웠을까.

초등학교 운동회날 1백미터 달리기 때 꼭 그랬었다.

내 형제도 아니고 나의 여행 파트너도 아니었지만 오직 하나 인류애(?)의 발로 였다고나 할까.

그제서야 숨을 돌리고 뒤돌아보니 많은 사람들이 헐레벌떡 오다 서다를 반복하고 있다.

진한 땀 냄새가 온 산하를 진동하는 것 같다.

버스 여행 위하여

대부분의 버스는 인도국산인 'TATA'이며 차체는 약간씩 덜컹거리지만 울퉁불퉁한 길도 거침없이 달린다.
공영과 민영이 있으나 속도와 요금은 별차이가 없다.
장거리를 이동할 때는 당연히 노선버스(Local Bus) 대신 급행(Express Bus)을 이용해야 하며 야간버스시간을 잘 알아두면 요긴할 때가 많다.
큰짐을 차내에 갖고 탈 수 없으며 지붕위에 올려놓도록 되어 있다.
중간 유식시간에 차에서 내린 뒤 자신이 탔던 버스를 찾지 못하여 쩔쩔매는 일이 흔하다.(결코 웃을 일이 아님)

불루 시티

재 넘고 산을 내려와 다시 평지를 달린 지 3시간.

차창밖으로 펼쳐진 풍경들이 전혀 다른 세계로 다가온다.

그렇게 울창하던 나무들이 이제는 듬성듬성하다.

누런 황야가 이어지더니 소 떼는 보이지 않고 낙타가 대신 등장하고 있다.

주인도 없는지 낙타 서너 마리가 그런 뙤약볕을 어슬렁 어슬렁 걸어가다가 말라깽이 나뭇잎을 뜯어먹는다.

우리는 죠드푸르로 가고 있건만 저 낙타는 어디로 가기 위해 끝없는 벌판을 헤매는 것일까.

뜬금없이 보이는 여인들의 모습도 알 수 없기는 마찬가지다.

와중에도 그들의 의상에서 풍기는 강렬한 원색의 메시지가 나그네의 눈길을 자꾸 사로잡는다.

하나같이 사리는 원색이었고 스페인풍의 무희들이 입는 것 같은 그런 치마도 보인다.

이고 진 팔뚝에는 여러 개의 대담한 팔찌들이 주렁주렁 장식되어 있다. 귀걸이 코걸이 말고 머리에도 이마에도 심지어 입술과 눈썹과 발목에까지도……

여인들의 장신구와 색채가 저토록 요란한 것은 불모의 척박함을 견딜 수밖에 없었던 이 지방 사람들이 모진 삶을 요리해온 징표라도 된단 말인가.

그러나 저러나 목도 마르고 배도 고픈데 어느 한 곳 의지할 동네도 인적도 없으니 참으로 딱한 노릇이다.

바람이 조금 있을 듯한 둔덕에서 차가 쉬어갈 모양이다.

모두가 기다렸다는 듯이 사람들이 우루루 내리니 조그만 새끼 원숭이 열댓 마리가 깜짝 놀라 도망간다.

몇 발자국 뛰더니 돌아서서 우릴 쳐다 본다.

그쪽이나 이쪽이나 서로 주의 깊게 살피며 구경하고 있음은 마찬가지 입장이 되었다.

배는 고프면서도 점심이라고 싸준 비닐 봉지속의 이것저것들은 도무지 입에서 들어오라 하지 않는다.

짜빠띠 두 쪽에 찐 감자 하나 그리고 닭다리에서 잘 익은 부분 한 입으로 점심을 때웠다.

결국 오늘의 오찬은 원숭이들을 위한 파티가 되고 말았다.

먹을 것을 하나씩 던져 주었더니 처음에는 낚아 채자마자 도망가서 먹더니만, 전혀 해코지 할 상대가 아님을 간파했는지 나중에는 더 달라는 눈망울로 졸졸 따라 다닌다.

다른 곳에서도 이처럼 조그만 원숭이를 쉽게 볼 수는 있었으나 사람을 따라다닌 녀석들은 처음이다.

먹을 것을 대함에 있어 독식하지 않고 더불어 나누어 먹기를 즐겨 한다면 동물이나 사람이나 언제 어디서나 이처럼 친구가 될 수도 있는 모양이다. 그렇게 저렇게 달리기를 일곱시간 반. 죠드푸르에 닿은 건 오후 4시경.

아직도 식을 줄 모르는 장장하일의 태양 볕이 이글이글 타오른다. 지도상으로 보기에는 본격적인 타르(Thar) 사막이 시작되고 있음이다. 죠드푸르는 라자스탄의 주도인 쟈이프르에 이어 두 번째로 큰 도시다.

15세기부터 동서와 남북의 무역통로로 발달하기 시작한 이래 지금은 인구 약 70만의 대중 도시가 되었다.

우선 물이라도 한 바가지 퍼부어야 살 것 같아 숙소에 들어 여장부터 풀었다.

에어컨이야 있을리 만무겠지만 천정에 매달린 잠자리 날개라도 힘차게 돌아주었으면 오죽 좋으련만 인도사람을 닮았는지 슬슬 도는 게 더욱 답답하다.

창문을 활짝 여니 차라리 바람소리가 시원하다.

언덕 위의 붉은 성이 과히 멀지 않다.

고성의 정취가 꽤 육중해 보인다.

건너 집 지붕에 야생매 서너 마리가 나란히 앉아 있다.

동물원도 아니고 들판도 아닌데 사람이 왁자지껄한 동네 속에서 야생 조류인 매가 천연덕스럽게 앉아있는 모습을 보니 분명 다른 세상에 와 있음이다.

앞집이나 옆집이나 멀고 가까이 보이는 모든 집들의 외벽이 온통 잉크 빛으로 파랗다.

죠드푸르를 일명 불루시티라 일러왔던 연유를 집들의 외벽 색깔만 보고도 능히 짐작할 것 같다.

아니 어린아이의 원피스도 대부분이 잉크빛으로 입고 있는게 아닌가.

불루칼라에 더 깊고 심오한 뜻이 숨겨져 있는지는 아직 모르겠으나 오죽 더웠으면 도시 전체의 집들을 몽땅 파란색으로 칠해놓고 눈요기로라도 시원하고 싶어했을까.

메헤랑가르 포트

바자르(市場)는 어디서나 어수선하다.

먹는것 입는 것 쓰는 것 사는 것들의 모든 일상이 나와있어 서로 필요한 대로 바꾸기도 하고 사고 파는 곳.

그래서 사람 사는 곳의 바자르는 동서양 어느 곳이나 비슷비슷한 모양새를 하고 있었다.

죠드푸르 바자르엔 유난히도 화려한 색채의 신발 가게들이 많았던 게 신기한 일이다.

버선처럼 코끝이 뾰족 올라간 장식용 신발도 있고 하트 모양으로 앞꼭지가 파여 있는 무용화 같은 것도 있다.

샤리의 원색적인 화려함에 걸 맞추려는 듯 신발까지 꽃무늬로 요란스럽게 치장을 하고 있다.

지금까지 맨발로 다니는 사람을 많이 보았던 인도였는데 이곳은 너무나 뜨거운 사막지대라 발을 보호할 수밖에 없어 신발 문화가 발달하게 된 모양이다.

시장통을 지나 언덕배기의 좁은 지그재그 길을 30분 쯤 오르니 온몸에 땀이 흠뻑하다.

깎아지른 듯 120m나 높이 솟아오른 암산 위에 둘레 10km의 성벽으로 둘러 쌓여진 메헤랑가르 포트는 지금도 마하라자(城主)에게 소속돼 있어 그가 손님이라도 대동하고 행차 할 때면 악대가 앞장서

진주궁, 꽃궁, 기쁨궁 사이에서 라자스탄의 고유터번 쓰는 방법을 시연해 보이는 젊은이, 터번의 길이는 자그만치 7미터나 된다고……

성문을 통과하는 의식으로 북을 치고 나팔을 불며 옛날처럼 호사를 떤다고 한다.

다소 유치하게 보이든 말든 자기를 위해 특별히 무언가 요란을 피워 준다는 건 인간의 본능적 충동에 상당히 신나는 요소가 아닐 수 없다.

여기저기에 아직도 포탄의 흔적이 남아있는 성문을 지나 좁은 언덕길로 휘돌아 드니 내궁 입구에서 엘리베이터를 타란다.

얼마나 황당했는지…… 옛 고성에 엘리베이터라니……?

진주궁, 꽃궁, 기쁨궁 등 6, 7층 높이에 미로처럼 얽혀 있는 성체를 구경하려면 일단은 먼저 옥상(상층부)으로 올라갔다가 내려오면서 편히 살펴보라고 최근에 엘리베이터 공사를 해놓았다니 이 또한 놀랄 만한 아이디어가 아니고 무엇이랴.

물론 공짜일리는 없지만 말이다.

성 위엔 여러 문의 대포들이 전시 때처럼 놓여있었다.

성을 지켜왔던 흔적이리라. 궁 안에는 15세기부터 라지프트의 족장이 조드푸르를 세운 이래 사용해온 온갖 것들이 잘 보존돼 있다.

왕실의 복식과 소품들, 왕이 행차할 때 교통수단으로 쓰였던 코끼리 위의 가마, 은실로 꽃 문양을 짜 만든 이동식 궁중과 야외천막, 미세한 세공으로 장식한 크고 작은 수많은 칼과 화려한 일상용품들이 가득하다.

특히 왕비의 침실은 금색, 은색, 청색의 전구처럼 생긴 유리공들이 수없이 달려 있어 눈이 어지러울 정도로 장식적이다.

그런 방에 거울조각들까지 곁들여 놓았으니 어두운 밤에 촛불이라도 밝혀 놓으면 그것은 아마도 환상의 극치가 되고도 남음이리라. 그런데 아무리 곰곰 생각해봐도 거기서 잠이 편히 들 것 같지는 않으니 쓸데없는 괜한 걱정일까.

궁내 이곳저곳에서는 이들 특유의 머리장식 터번을 쓰고 벗는 방법을 시연해 보이며 은근히 박시시를 요구하기도 하고 전통 의상을 입은 악사들이 앉아 연주를 해 줌으로써 방문자로 하여금 옛 시대에 초대받아온 듯한 착각을 불러일으키게 하고 있다.

악사 한 사람이 "짜파니스?" 하길래 "노 - 아임 코리안"하며 앞에 놓인 상자에 2루피를 넣어 주었더니 "꼬리 - 남바르 완"하며 갑자기 악기 소리가 우렁차게 커진다.

라자스탄의 민속악기가 총 집합된 악기 전시실에는 우리나라 국악의 해금과 비슷한 것도 여럿 있었다.

샤 - 자한이 보냈다는 은장식품들이 하나 가득한 박물관에선 동양이나 서양이나, 예나 지금이나, 나라나 개인이나, 역사란 결국 '자기 지키기의 연속'임을 확인시켜 주고 있다.

사띠와 은장도

성을 내려오는 긴 회랑을 걷고 있으니 중세를 잠시 거슬러 다녀온 듯하다.

마지막 성문을 나서려는데 좌우의 빨간 벽면에 여러 개의 손도장이 찍혀 있는 곳을 금 수실로 장식까지 해놓고 있다.

말로만 들어왔던 사띠(Sati)의 흔적을 대하면서 본능적으로 섬뜩했던 첫 느낌은 어쩔 수 가 없었다.

힌두 신화에 나오는 사띠는 시바(Shiva)와 첫눈이 맞은 동정녀였으나 마음과 뜻대로 시집을 갈 수가 없게되자 죽어 다시 태어남으로써 꼭 시바와 결혼하겠노라는 서원(誓願)을 품고 그녀는 제사를 위해 피워놓은 장작불 속으로 뛰어들어 자결하고 만다.

그후 자식이 없어 쓸쓸해하던 다른 왕의 딸로 환생하여 보란 듯이 시바의 아내가 되었으니 그녀가 바로 인도인들의 또 다른 영원한 연인 파르바티(Parvati)다.

생을 바꿔서까지 사랑의 열매를 거둔 사띠의 이름이 죽은 남편을 따라 산채로 함께 화장했던 관습의 대명사로 지칭된 연유는 신화에서처럼 파르바티로 환생하여 최고의 영광과 금슬을 영원히 누리고 싶어한 인도 여인들의 염원이 아니었을까.

지금 생각으론 땅을 치고 통곡할 일이겠지만 이 사람들의 전통적인 사띠 관행은 남편이 없는 삶은 더 이상 아무런 의미도, 가치도

사띠를 행함에 있어 세상에 마지막으로 남겨놓은 여인들의 손자국 도장판.

없음으로 함께 화장의 길을 택했을 뿐이란다.

그때의 사띠 의식은 남편의 시체를 자기 무릎 위에 눕히고 장작더미 위에서 침착하게 불 속의 재로 변해야 했다는데, 글쎄 믿어야 할지 말아야 할지 도무지 혼란스럽기만 하다.

하기야 우리네 유교 문화권에서의 여필종부(女必從夫) 사상과 비견해 보면 일맥상통한 점이 없지도 않다.

120년 전 까지만 해도 이 나라에 사띠 풍습이 심심찮게 남아 있어 살아있는 여인을 불에 태워 죽이는 모습을 본 서양인들이 경악에 또 경악을 금치 못하며 "Oh! no!"를 연발했다고 한다.

그후 사띠의 수는 급속히 격감하게 됐고 이제는 법으로까지 금지시켜 놓았다니 천만다행한 일 중 하나다.

일설로는 사띠의 시원이 중세사회 중 일부가 홀어미의 청정한 생활을 지나치게 강요한 '마누법전'에서 유래됐다고도 한다.

힌두사람들의 결혼은 대개가 나이 많은 신랑과 나이 어린 신부의 결합이었다는데 바로 그 점에 초점을 맞춰보면 남편이 죽은 뒤 살아남은 아내는 너무나 젊은 청춘이므로, 그로써 예상할 수 있는 불륜과 그 결과의 사생아 출생으로 복잡해질 사회 문제를 사전에 차단했다는 얘기일까.

그 실례로 중세 유럽 남자들은 오랫동안 장사나 전쟁 등으로 집을 비울 때 아내에게 정조대를 채웠던 기록이 있었으니 하물며 영원한 여행을 저 세상으로 떠날 이곳 남편이 아예 젊은 아내와 함께 동행함으로써 편안히 잠들고 싶어 했는지도 모른다.

그렇지 않다면 기근이 가장 심했던 18세기말에 사띠가 제일 많이 행해졌다는 기록으로 보아 먹는 입을 줄이기 위한 궁여지책으로 만만한 홀어미가 대상이 됐던 것일까.

아무튼 자살이든 타살이든 간에 사띠가 여자에게 주어진 한시대의 슬픈 멍에였음이 사실일진대 집안에 열녀문 하나를 세우기 위해 보이지 않는 감시를 엄청나게 받았을 조선조의 양반집 홀어미들과 그녀의 가슴속에 숨겨진 은장도의 뜻을 함께 생각해보는 마음이 별로 편치 않다.

무슬림과 힌두간에 땅따먹기가 너무나 치열했던 이곳에 전쟁터에서 사망한 남편의 뒤를 따라간 여인들이 집단으로 사띠를 행하느라 남기고 간 저 많은 손도장들이 쳐다볼수록 너무나 처연하다.

여자의 일생

하룻밤 묵고있는 게스트 하우스는 호텔도 아니고 여관도 아니다.

겉으로 보기엔 여느 집과 똑같은 거리의 구멍가게 상점이다.

아래층은 주인집에서 식료품이랑 과자류를 조금 팔고있고 2층으로 올라가면 한쪽에 방 4칸이 서로 마주보고 있어 그중 한 칸에 짐을 풀었을 뿐이다. 화장실과 샤워장은 물론 공동사용이다.

낮동안 달구어진 옥상 슬라브가 아직도 남은 열을 뜨끈뜨끈하게 발산하고 있어 흐르는 땀을 식혀주지 않는다.

별 볼 일도 없었지만 쉽게 잠을 청할 수 없어 아래층으로 내려갔다. 그곳에서 라빈드 씨 부부는 함께 일하고 있었다.

우리의 현실로 비교하면 자기 집이 있고 슈퍼마켓을 운영하면서 여유 있는 방에 민박이라도 받고 있으니 괜찮은 셈이다.

하물며 이곳 인도의 형편이라면 괜찮은 정도가 아니라 거부(巨富)가 아닐까 싶을 정도다.

밤 시간이라 손님이 뜸하다며 부인이 먼저 들어가는 눈치다.

이제 겨우 27세라는 콧수염의 라빈드 씨 사는게 괜히 궁금하여 자꾸 말을 걸어 보았더니 그도 함께 맞장구를 쳐주어 고마웠다.

그 역시 South KOREA(남한)는 잘살고 있는 것으로 알고 있었으며 Seoul의 대학생이 지난주 두명 묵어갔는데 매너(에티켓)가 좋았다고 칭찬한다. IMF 얘기가 나올까봐 가슴 철렁했던 순간, 얼마나 다행이였는지……

조심조심 이런저런 얘기 끝에 두 사람은 어디서 어떻게 만나 부부가 되었느냐고 물으니까 "우리는 사촌간"이라는 뜻밖의 대답이었다. "아니 - 그게 무슨 말씀?" 매우 놀라운 얼굴로 되물으니 이 사람들은 사촌끼리 결혼하는게 보통있는 일이라고 한다.

내가 너무 놀란 표정이었던지 몇 마디 덧붙여준 보충 설명은 이러했다.

"사촌이라고 해서 무조건 결혼이 다 허용되는 것은 아니며 아버지쪽일 경우엔 아버지의 누나나 여동생의 자녀, 그리고 어머니쪽은 어머니의 남자 형제간의 자녀와만 혼인이 성립되고 있다"는 얘기 끝에 일부이기는 하나 외삼촌과 조카가 결혼식을 올리는 경우도 가끔은 있다고 한다.

'근친상간은 죄악'이라고 단정지어 놓고 사는 고정관념에 일대 혼란이 아닐 수 없다.

태연하게 말하고 있는 라빈드 씨가 비정상으로까지 보이고 있는 어리둥절한 나의 태도가 거꾸로 그에겐 재미가 있었는지 싱글싱글 웃기만 한다.

이쯤 되면 가게집의 심야토론을 맨입으로 그냥 계속할 수는 없는 일. 맥주를 따라 한 잔씩 나누었다.

이곳에서는 종교 때문에 집안에서 마시는 한잔의 술은 괜찮아도 집밖에서는 아무 곳이나 음주가무가 허용되고 있진 않단다.

내가 먼저 따라 준 게 미안했던지 자기 잔을 비우고는 정중히 한 잔 술을 권한다.

같은 동양권의 술 마시는 습관은 어디서나 누구에게나 똑같구나 하는 생각이 왠지 찡 - 하게 다가온다.

결혼이란 역시 사람 사는 사회에 제일 소중한 인륜지대사!

그러기에 가는 곳마다 그 풍습이 다르고 방식이 다르고 선과 악의 기준이 다른 경우를 지구촌을 걷다보면 여럿 만난다.

남자의 경우에도 참으로 다양한 사례들이 많지만 특히 여자의 일생에 있어 서랴……

이 나라 인도의 여성은 애시당초 카스트 신분에 통상 제4계급인 수드라와 동일시 돼 왔다고 한다. 따라서 여성에게 덕(德)이 있다고 표현하는 것은 남편에게 헌신한다는 것과 동일한 의미를 갖는다고 한다.

지금이야 비록 '카스트'나 '사띠'와 같은 악습은 없어졌지만 그래도 남편보다 오래 살아남는 것은 경제·사회적으로 여전히 짐스러움으로 치부되고 있기 때문에 대부분의 인도 여성들은 남편보다 먼저 저 세상으로 가는 것을 큰 행복으로 여기고 있는게 보통의 생각들이라고 한다.

애기는 거기서 끝나지 않고 급기야 옥상으로 자리를 옮겨 플라스틱 의자에 마주앉아 한 잔씩을 더 기울였다.

자기 집에서 5백미터쯤 내려가면 '아사죠띠 니로이(소망의 빛)'라는 종교단체의 무료 탁아소가 있는데 그곳에 아이를 맡기는 경우는 대부분이 이혼녀이거나 집에서 쫓겨난 여자의 아이들이 양육되는 곳으로 십중팔구는 결혼 전에 약속한 신부의 혼수 즉 다헤즈(지참금)를 끝내 해결하지 못했기 때문에 아이까지 함께 쫓겨나면서 갈 곳 없는 어린것들이 모여 공동생활을 하고 있다니 충격이다.

가끔씩 바쁠 땐 자기집 일을 돌봐주고 있는(아마도 파출부인 듯함) 할레니 여인은 이제 겨우 23세인데 10년전인 열세살 때 릭샤왈라(인력거 주인)와 결혼했으나 혼수로 약속한 금, 은목걸이와 귀걸이, 손목시계, 침대 등 약 5천루피(대충 20만원 정도)의 다헤즈를 결국 해결하지 못하고 아이 둘 까지 떠맡아 쫓겨난 처지로 탁아소에 와있다는 가슴저린 애기다.

세상에나 몹쓸 사람들, 어찌 그런 짓들을…….

황금 독수리표 인도산 맥주 라벨, 인도에서는 맥주가 일반양주보다 더 비싸다.

그렇고 그런 폐습이 골치아파 아예 딸을 낳지않으려는 경향까지 너무나 두드러지고 있어 정부당국에서 조차 사회문제로 곤욕을 치르고 있건만 쉽지 않을 거란다.

두어 순배 얼큰한 라빈드 씨는 그래서 사촌 누이와 일찍 눈이 맞아 그런 저런 고민없이 행복하다면서도 '미스타루 KANG, 5부자는 자기보다 훨씬 더 Very very Happy!'란다.

싫지않은 이야기에 한잔씩을 더 기울이며 뜨거운 가슴으로 한마디 해주었다.

"이 사람 아 - ! 당신도 Happy하면 될 거 아닌가?"

5부자가 아니라 열 자식인들 무엇이 걱정인가, 한참 젊은 나이에……

5

타르사막

비카네르
사파리
사막의 별밤
위대한 선지자
종교의 바다
HINDUISM

비카네르

사막이 아름다운 것은 어딘가에 오아시스가 있을 거라는 희망 때문이라고 생떽쥐뻬리의 어린 왕자는 말했지만 우리가 오늘 들어가고 있는 타르사막은 전혀 그렇게 로맨틱한 분위기와는 거리가 먼 것 같다.

듬성듬성한 낙타 풀과 함께 펼쳐진 끝없는 모래벌엔 황량한 바람만 스쳐 지날 뿐이다.

바깥 기온은 벌써 섭씨 40도를 웃돌고 있다.

머리가 띵띵－하다못해 멍 해지는 땡볕이다.

저런 사막화 현상이 지구 곳곳에 자꾸만 더 번져가고 있다니 곰곰 생각해보면 가공할 일이 아닐 수 없다.

아프리카의 사하라 사막도 5천년 전에는 푸른 숲에 젖과 꿀이 흐르는 시원한 초원이 있었다고 한다.

지구의 사막화 현상은 기후변화 뿐 아니라 무차별한 개발이나 생태계를 무시한 자연파괴 혹은 인간 중심만의 환경오염이 엘니뇨도 불러오고 라니냐도 자초하고 있음에 더 큰 원인 제공이 되고 있다는 경고가 결코 남의 일이 아님을 실감케 해준다.

북인도 서편에 자리한 비카네르는 타르사막 가운데 사람이 살고 있는 곳으로 어제 묵었던 블루시티 죠드푸르의 실질적 창건자였던 라오죠드의 둘째아들 비카(Bika)에 의해 1486년부터 오늘에 이르렀다니 자그만치 5백년 도읍지인 셈이다.

지금은 인도와 파키스탄 그리고 중앙아시아를 잇고있는 무역통로로서 40, 50만의 인구가 들끓는 꽤나 번잡스러운 곳이다.

오죽 더웠으면 대부분의 사람들이 인도여행을 겨울 위주로 다녔을까를 요 며칠동안 날이면 날마다 절절히 겪는다.

무슨 통뱃장에 여름 인도를 찾아와 감히 더위 고생을 이야기 할 자격이 있으랴만 참으로 뜨거운 날씨가 점입가경이다.

갈수록 더하더니 오늘은 오전부터 숨쉬기조차 거북할 지경이다.

저 원망스러운 북인도의 태양은 지금이 몬순 시기인지도 모르는 바보인가 구름까지 제치고 나와 나그네를 다갈다갈 볶는다.

그렇다고 아무 데서나 마음 대로 쉴 수도 없고……

버스 정류장 바로 건너편에 있던 랄가드 팰래스는 나무 그늘 아래서 숨을 고를 수 있게 해주어 정말 고마웠다.

더구나 범어로만 쓰여진 희귀 고전들이 즐비했던 산스크리트 도서관과 마감 시간 직전이라 무료 입장이 가능했던 사둘박물관까지 훑어 볼 수 있었던 것은 온갖 더위를 무릅 쓰고 달려온 값진 보상이었다.

더위에 지친 몸, 후줄근한 몰골이지만 내친김에 사람 냄새 가장 진득한 삶의 현장 시장통으로 들어섰다.

골목 안은 올망졸망한 상점들 사이에 사람과 소와 개와 염소들이 제멋대로 엉켜있다.

사이사이에서 흘러나오는 온갖 소음과 냄새와 어깨 걸림 들이 아예 혼줄을 빼버릴 기세다. 오나가나 서민들은 왜 이렇게 엉켜서만 살고 있을까. 서로 비비적거리지 않으면 그나마도 살아갈 수 없는 게 힘든 사람들의 삶이란 말인가.

이 한 몸 챙기기도 정말 힘들구나 싶었는데 그 속에서 기어코 방향 감각을 잃고 말았다.

화들짝 정신차려 사방을 둘러 봤지만 알 수 없는 미로일 뿐!

미아가 됐구나 생각하니 온몸에서 기운이 쏘-옥-빠진다.

금방 풀썩 주저앉을 것만 같다.

가이드북을 꺼내고 동서남북을 가늠해 봤지만 방향을 가리켜 줘야할 태양마저 낯설고 생소하다.

동물적 육감까지 총동원하여 미로 같은 시장 통을 빠져 나오려 했지만 점점 더 얼켜드는 것 같다.

상인들이 잡아끄는 호객행위와 좌우로 휙-휙-지나가는 짐수레가 정신차릴 겨를조차 주지 않는다.

길 한켠으로 비껴서 오두마니 마음을 다잡아 본다.

이런 게 인생(人生)인가?

날씨가 더워도 편히 쉴 수 없는 여행자의 입장은 삶이고, 시장 터의 수많은 것들과 어쩔 수 없이 부딪혀야 하는 것은 현실이며 제법 안다고 생각한 나머지 목적지에 닿을 것이라 예측했음에도 순간 이렇게 미아가 되고 마는 것은 운명일까.

이제까지 별일 없었던 과거사는 오직 추억일 뿐!

어디론가 바삐 달려가고 있는 저 릭샤처럼 분명한 목적지를 향해 씽씽 달리고 싶다.

이럴 땐 도대체 무엇을 어디서부터 어떻게 풀어야 하는건지 애꿎은 땀만 줄줄 흐른다.

나의 구세주는 어디에 있을까.

사파리

어제의 지난일을 생각하면 기가 막힐 뿐이다.

그런 환란(?)중에도 간밤을 거리에서 노숙하지 않도록 숙소를 만나게 해준 조상님께 감사드리고 싶다.

그리고 아무 일도 없었던 듯 새날을 준비하고 있음은 좌우간 행복 일 수밖에 없다.

큰 배낭을 숙소에 떨구고 오늘은 아예 사막 속으로 더 깊숙이 들어가 볼 작정이다.

시내를 벗어나 시외 버스로 달리기를 약 2시간.

인적 없는 모래밭에 뽕나무도 같고 선인장도 같은 초목들만 계속 드문드문 지나고 있어 지루하던 차에 얼마를 더가야 사막이 나오느냐고 물어보았더니 산 속에서 산이 어디냐고 물으면 어떻게 하느냐고 선문선답같은 대꾸로 되묻는다.

타르사막은 아라비아나 사하라사막처럼 나무하나 풀 한 포기 없는 모래 1백퍼센트의 사구 사막은 아니었다.

비록 모래 언덕만의 신비롭고 근사한 모양새는 아니었지만 그래도 거칠고 메마르고 황량한 모래 벌판이 지평선 끝까지 맞닿아 이어진다.

종점에서 내린 조그만 마을은 아프리카의 어느 촌락을 연상케 하고 있다.

갈풀로 엮어 삿갓처럼 지붕을 씌운 동그란 흙집과 맨발에 윗통을 벗어 재낀 꼬마들 그리고 집안에서 반쪽 얼굴로 빼꼼히 쳐다보곤 시선이 마주치면 얼른 모습을 감추는 여인네들, 분명 또 다른 정경이 아닐 수 없다.

미리 기다린 듯 원주민 아저씨들이 웅성거리며 어서오라 반겨준다. 꿇어 앉아있던 여러 마리의 낙타들은 넓죽한 입을 계속 쉬지 않고 합죽거린다.

이 나라 저 나라에서 온 여행자들이 한 마리씩 낙타등에 오른 후 몰이꾼 아저씨가 뭐라고 소리를 질러대니 뒤뚱뒤뚱, 흔들흔들, 껑충 일어선다.

낙타 등은 생각보다 훨씬 높고 흔들거려 하마터면 앞으로 거꾸러질 뻔했다.

터번을 머리에 둘둘 감은 몰이꾼 아저씨의 귀엔 귀걸이가 2개씩이나 매달려 흔들거린다.

이곳 라자스탄 주에 들어온 후 흔히 보아온 남자들의 귀걸이 모습이 이젠 생경스럽지 않다.

하긴 우리 고려 때도 남자들이 귀걸이를 했던 풍속이고 보면 저들의 조상과 우리 조상이 오래전부터 오고가며 교류라도 한 것일까. 알 수 없는 일이다.

아무튼 옛 풍습이 그대로 남아있어 지방색이 몹시 강한 곳임을 짐작케 한다.

촌락을 벗어나 모래 언덕 서너 개를 지났을 무렵 죽은 낙타의 앙상한 뼈대가 누운 자세 그대로 모래 속에 묻혀 있다.

섬뜩하면서도 안쓰럽다는 생각이 들긴 했으나 이런 모습들이 오리지널 박물관이 아니냐며 미화 해본다.

익숙지 못한 낙타 등위에서 끄덕끄덕 3시간을 견디었더니 온몸이 뻐근하고 발목이 저려온다.

안장(깔개)이나 제대로 갖춰놓을 일이지 낡은 카펫조각 하나를 맨 등살에 올려놓은 정도니 엉치뼈가 시큰시큰 허리까지 아플 수밖에…….

잠시 쉬어갈 참으로 몰이꾼 아저씨가 고삐를 채수르며 낙타를 주저 앉힌다.

껑충 큰 동물이 네다리를 굽혀 꿇어 않는다.

마치 종교세계에서의 순명(?)처럼 말이다. 사람이 수양을 많이 하면 동물을 닮게 되고 거기서 더 발전하면 식물의 경지에 이른다더니 그런 생각이 낙타를 보면서 불현듯 스친다.

사막의 별밤

'낙타 등에 올라 사막을 거니는 사파리'

이 얼마나 기다렸던 낭만이며 꼭 맛보고 싶었던 희망 사항이었던가.

작년 여름 첫 인도 유랑 땐 도무지 어리둥절하여 정신을 차릴 수 없었던 기억만이 까마득하다.

오죽했으면 타르사막이 너무 공포스러워 사파리 일정을 계획해 놓고도 비카네르를 슬그머니 비켜갔을까.

새삼스런 기억을 더듬고 있으니 부끄럽기도 하고 한심스럽기도 하고 후회막급한 생각이 스물스물하다.

그러나 여행중의 돌연사태는 무지개와 같은 것, 상상속에서 그려볼 때의 부푼 꿈이 가장 기분 좋은 환상일 수도 있다. 하지만 환상과 현실은 이렇게 다른 법일까.

어설픈 낙타 위에서의 뒤뚱거림이 얼마나 힘들고 엉덩이 아픈것인지는 낙타를 타봐야 알 일이다.

낮 동안 그렇게도 작열하게 대지를 달구던 태양이 이제는 술취한 붉은 얼굴로 비틀비틀 서녘의 모래벌에 쓰러지려 한다.

낙타몰이꾼 아저씨가 마련해준 깔개 위에 허리와 다리를 쭉펴고 큰대(大)자로 누워본다.

바람결에 실려와 귓전을 간지럽히는 모래알들의 속삭임이 아지못

이제 그만 자리를 잡으려나 보다, 은하수가 무한히 쏟아져 내릴 사막의 별밤을 위해.

할 신비를 더해준다.

이제 잠시후면 파란 별빛과 하얀 달빛이 사막의 땅덩이를 새로운 세상으로 물들이겠지.

이야기 소리가 간간이 들려올 정도의 거리에선 또 다른 여행자들이 이미 자리를 잡고 있었다.

괜히 궁금하여 통성명을 나눠봤더니 그들은 멀리 독일에서 온 대학생들로 쟈이살메르에서 출발해 여기까지 일주일동안 싸파리 여행만을 고집하며 왔다는데 대단한 젊은이들이라는 생각에 부럽기도 하고 무섭기도 하다.

하늘은 어느새 어두워지고 일행과 낙타몰이꾼 아저씨들은 만국공통어를 총동원하여 서로가 궁금한 점을 묻고 또 묻는다.

이럴 때 빠질 수 없는 건 대한민국의 국주(國酒) 소주 한 잔, 이 얼마나 귀한 보물이며 한국의 혼이며 자랑스럽고 사랑스러운 생명

수인가.

한잔의 고향주로 두만강 푸른 물에 노젓는 뱃사공이 되어 사해(砂海)를 노니는 동안 독일 학생들의 베싸메무쵸는 은하수에 흐르고……

알아들을 수는 없었지만 라자스탄 사람들의 노래 소리는 끓어오르는 듯 애절한 사막의 노래답게 극적이면서도 매우 시적인 것 같은 느낌으로 와 닿는다.

사방은 조용한 정적뿐 질리도록 고요하다.

학생들과 챠이를 나누며 별자리도 찾아보았다.

북극곰자리? 오리온좌? 큰 사냥개자리? 하면서……

점성술사가 들으면 큰일 날 소리겠지만 애시당초 별자리란 메소포타미아의 양치기 목동들이 밤의 지루함을 달래기 위해 저 망망한 별 바다를 헤아리면서 그 생김새에 따라 심심풀이로 재미삼아 동물 이름을 붙여 본 것이라고도 전한다.

아잔타를 시작으로 데칸고원을 넘으며 거대한 자연과 여러번 맞서봤지만 사막의 밤은 또 다른 세계로 우리를 유혹한다.

별빛 쏟아지는 이 밤, 수많은 은하의 보석들이 이마 위에, 어깨 위에 마구 쏟아진다.

낙타 등에서 한나절 내내 뒤뚱대느라 지친 몸인데도 잠이 쉽게 오지 않는다.

귓전을 때리는 모래알의 사연들이 핏줄을 타고 들어와 심장으로 전해지는 것 같다.

위대한 선지자

밤이 깊으면 새날이 오는 것일까.

술 취해 쓰러졌던 간밤의 태양이 언제 그랬느냐는 듯 사막의 지평을 붉게 물들인다.

별들이 마구 쏟아져 내렸던 아름다운 땅, 천일야화가 만발했던 정든 그 밤을 털어 내기가 못내 아쉬운 듯 모래알이 자꾸 달라붙는다.

낙타 등이 어제보다 훨씬 친숙함을 느끼며 터벅터벅 사람 사는 곳으로 되돌아오면서 흔적 없는 그곳을 자꾸 뒤돌아본다.

먼 옛날, 이 땅을 정복한 그리스 연합군 알렉산드로스 장군도 이처럼 낙타에 몸을 싣고 끄덕끄덕 지나갔겠지.

우리는 평범하여 차라리 행복할 수도 있고 홀가분할 수도 있겠으나 알렉산드로스는 이 나라를 손아귀에 집어넣고서 불안 할 수 밖에 없었다는데 무슨 까닭이었을까.

그는 비록 창·칼로써 이 땅을 유린하기까지는 수월했으나 정작 이곳에 뿌리 두고 살아온 파라문(婆羅門) 계급의 귐노소피스트(선지자)들만은 결코 호락호락 손아귀에 넣을 수 없었다는데 한번은 꾀를 내어 임기응변에 능하기로 소문난 그들 중 몇몇을 잡아들여 시험하기로 하고 어려운 문제에 적절하게 대답하면 살려주되 그렇지 못하면 항복 받기로 약조를 한 다음 첫번째 선지자에게 첫번째 질문을 이렇게 했다고 한다.

"이 세상에 산 자의 숫자와 죽은 자의 숫자 중 어느 쪽이 많은가" 했더니

"산 자가 많습니다. 왜냐하면 죽은 자는 존재하지 않기 때문입니다" 하더란다.

두번째로, "육지와 바다 중 어느 곳에 더 큰 짐승이 살고 있는고" 하니까

선지자 대답하기를 "육지입니다. 바다는 육지에 속하거든요."

세번째 선지자에게 알렉산드로스가 물었다.

"이 세상 짐승 중에서 가장 교활한 짐승은 무엇이냐?"

"아직도 인간의 눈에 띄지 않고 있는 짐승입니다."

네번째 선지자가 앞으로 나섰다.

알렉산드로스가 씩씩거리며 물었다.

"낮과 밤은 어느 쪽이 먼저인가?"

"낮이 하루 먼저입니다만,…… (Day is eldest, by one day a least.)."

알렉산드로스가 납득할 수 없다는 표정을 짓자 그는 다시 이렇게 덧붙였다.

"난문(難問)인데 난답(難答)이 나갈 수 밖에, 무슨 도리가 있으리까.(Strange question makes strange answer.)"

다섯번째 선지자에게는 이런 질문이 던져졌다.

"사람은 어떻게 해야 무릇 인간들로부터 사랑과 존경을 받을 수 있는 것이냐?"

"힘이 있되 겁을 아니 주어야 하지요."

얼굴이 벌겋게 달아오른 장군이 거꾸로 태연자약한 여섯번째 선지자에게 물었다.

"인간이 어떻게 하면 신(神)이 될 수 있는가?"

"인간이 할 수 없는 일을 해내면, 인간도 신이 될 수 있다고 아뢰오."

위대한 선지자를 만나기는 했으나, 언어가 자유롭지 못한 큰 벽이 답답할 뿐이다.

화가 치미른 일곱번째 질문은 이러했다.

"삶과 죽음은 어느 쪽이 강한가?"

"그것은 당연히 삶이 강합니다. 왜냐하면 삶은 무서운 고통을 견디게 하고 있질 않습니까?"

여덟번째가 되었다.

"인간은 몇 살까지 살면 적당하게 사는 것인가?"

"사는 것 보다 죽는 것이 나아 보일 때까지입니다.

마치 지금의 우리들처럼……."

장군은 잠시 침묵을 지키고 나더니 본색을 감추느라 애쓰는 표정으로 마지막 질문에 승부수를 걸어놓은양 비장한 어조로 이렇게 물었다.

"어째서 너희들은 백성을 선동하여 반란을 일삼고 있느냐?"

"우리 모두가 고상하게 살거나 의롭게 죽고자 그랬습니다."

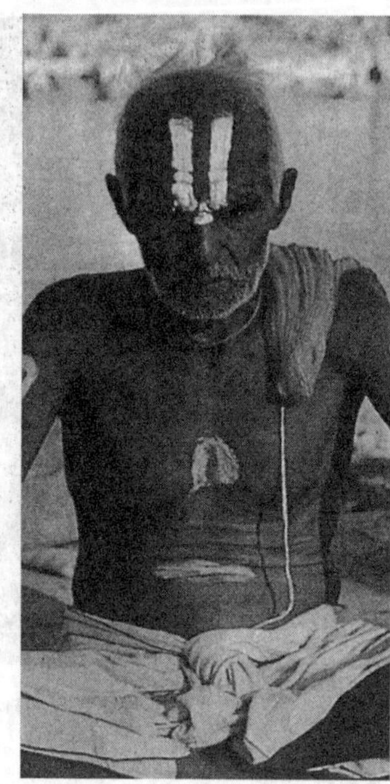

수행방법과 스타일이 가지각색인 사두의 모습

더 이상의 질문에 말문이 막힌 알렉산드로스는 참담해진 얼굴을 너그러이 펴고 자기가 너무 심했음을 자인하며 많은 선물을 안겨주고 선지자들을 온전히 돌려보내 주었다고 한다.

참으로 기가 막힌 우문에 현답이 아닐 수 없다.

그런 지혜와 슬기가 있었기에 아니, 그토록 훌륭한 지도자(Gymno - Sophist)가 있었기에 이들은 이 땅을 온전히 지켰으리라.

우리 눈에는 아무짝에도 쓸모 없을 것 같은 모랫벌 사막이지만 이들에겐 피의 대가로 지킨 조국이요 어머니의 품처럼 포근한 생명의 땅이 아닌가.

모래언덕 그 너머에 바람소리만 허허롭다.

종교의 바다

모래언덕과 낙타와 몰이꾼 아저씨와 모두모두 안녕을 고하자 영국, 스웨덴, 이태리, 일본, 싱가폴 등 여기저기서 온 여행자들이 포옹으로 헤어짐의 아쉬움을 달래느라 자꾸 시간이 지체된다.

여행이란 사람과의 만남이 제일 소중하지만 그러나 꼭 이별이 금방 따라오고 있으니 이를 어쩌랴.

그래서 여행을 잘하려면 평소 이별 연습부터 잘 해둬야 한다고도 했다.

버스편으로 다시 돌아온 비카네르 시티.

사람 많이 사는 곳이 이렇게 무덥고 시끌벅적한 곳임을 처음 겪는 것처럼 새삼스레 끈적거린다.

종교의 바다, 인간의 숲, 라지푸트들이 살고있는 곳으로 다시 또 출발이다.

인도에서 인도 속으로……

막내에게 배낭여행을 실습시키면서 처음으로 유럽을 헤매었던 건 1996년 여름방학 때 일이다.

그곳은 시종일관 기독교가 절대적인 권위로 군림했던 곳이라는 강한 인상이 지금껏 남아있다.

그리고 2년, 여기 인도에 와서 맞닥뜨리고 있는 전혀 새로운 종교와의 혼돈 속에서 질식감마저 느끼고 있다면 과장일까.

그곳 유럽에서는 오나가나 만났던 기독교의 위용에 막내 자영이와 난 바라보는 방관자일 수도 있었고 찬란한 유적들은 박제된 유물일 수도 있어 인간과 종교와의 관계에 별다른 부담없이 편했었다.

그런데 여기서 매일 만나고 있는 이 사람들의 종교는 적당히 공간을 두고 바라보거나 곰곰 생각할 수 있도록 저만치 떨어져 있는 게 아니라 바로 코 앞에서 등뒤에서 손만 뻗으면 금방 닿을 곳에서 너무나 바짝 다가와 있다.

그런데도 종잡을 수 없는 혼돈의 이방 종교가 여행자의 가슴속에서 얼른 녹여지지 않으면 참으로 거북스럽고, 혐오스러울 수밖에 없을 것 같은 생각이 자꾸 꼬리를 맴돈다.

아니면, 샤만에 휩쓸린 형편없는 것으로 치부된나머지 경멸하거나 회피해질 것 같아 두렵기도 하다.

그러나 그럴 수 없음은 이미 정해진 결론이다.

비록 종교뿐 아니라 어떤 사물과 상황이라도 여행중엔 언제 어디서 어떻게 맞닥뜨리든 그에 순응하고 그것을 보듬어 품에 안음으로써만 그 안에서 보고, 느끼고, 깨닿고, 찾을 수 있으며 모든 일이 해결되었음은 그간의 배낭여행 경험을 통해 얻은 금쪽같은 '노-하우'였다.

신들을 묘사한 그림이나 상징물들이 눈 닿는 곳마다 어김없이 있고 자기 종파를 한 눈에 알아 볼 수 있도록 차려입은 각기 다른 복장의 사람들을 숙소나 거리나 버스나 도처에서 만난다.

그리고 각각의 서로 다른 사원들이 곳곳에서 자기들 나름대로 자신의 존재를 알리기에 여념이 없다.

이처럼 눈만 뜨면 '바로 코앞에 있는' 수만의 신앙과 믿음이 이 나라를 종교의 땅으로 만든건 지극히 당연한 귀결이 아닐까.

숱한 역사의 소용돌이 속에서도 인도는 어쩔 수 없는 힌두교의 나라다.

'종교의 바다, 인간의 숲' 과연 그러하고도 남음이다.

그리고 자이나교와 시크교, 불교의 발생지임은 주지의 사실이다.

그밖에 소수이기는 하나 기독교, 회교, 배화교에 심지어 유대교까지도 허용되고 있다.

국교로써 전 국민의 80퍼센트를 넘고 있는 힌두교는 그렇다 치더라도 회교도가 11퍼센트나 된다니 대충쳐도 1억명인데 어찌 그 갈등이 심상치 않으랴.

하지만 정작 국내에서는 양 종파간의 갈등이 바깥에서 생각했던 것만큼 심각하지 않고 있음은 참으로 다행스런 일이다.

이는 힌두교에 어떤 특정한 개조(開祖)나 유일신의 섬김이 없고 종교의 교리를 강제로 구속하지도 않으며 따라서 이단의 개념이나 다른 종교에 대한 박해가 특별히 없었던 역사적 전통과 무관치 않음일 게다.

그 외에도 머리에 터번을 두르고 기골이 장대하여 전투를 잘한 덕분에 세계곳곳에서 용감한 용병으로 유명했던 시크교와 극도로 금욕적이며 살생을 하지 않기 위해 오로지 상업에만 종사해왔다는 자이나 교도들은 그 대신 곳곳에서 알부자로 소문나 있다.

참으로 다양한 종교의 바다 위에 일엽편주가 된 나그네의 모양새가 외로운 것인지 축복받은 것인지, 가면 갈 수록 알면 알 수록 아리송하다.

신의나라 인도는 과연?

비렁뱅이 사두가 하루는 배가 불렀던지 힌두 사원에서 지극히 신성시되고 있는 팔루스(남근상) 위에 발을 올려놓고 태연하게 낮잠을 자고 있었다.
이를 본 성직자가 깜짝 놀라 "그대는 어찌하여 거룩한 팔루스상에 다리를 올려놓고 잠을 자는가?"하고 꾸짖었더니 비렁뱅이 대답하기를 "이 땅에 팔루스가 없는 곳을 가르쳐 주십시오 제가 거기에 발을 얹으리다."하고는 발을 다른 곳으로 옮기자 그 자리에서 팔루스가 솟았고 또 발을 옮기자 거기서도 팔루스가 솟았다고 한다.
더욱 놀란 것은 힌두 성자였다고…….

HINDUISM

인도(India)의 어원은 힌두(Hindu)에서 온 말이라고 한다.

그러니까 힌두교란 바로 '인도교'일수도 있다.

힌두의 나라에서 Hinduism을 모르고는 아예 여행을 포기하는게 낫겠다는 생각마저 든다.

어찌 보면 힌두교는 지상에 남아 있는 신앙 중 샤먼을 빼놓고는 가장 오랜 역사를 갖지 않았나 싶다.

인더스(Indus) 문명의 사람들과 B.C 1천7백 년경 이곳을 침략했던 아리안(Aryan)족에 의하여 오늘과 같은 힌두의 형태를 갖추었다고 추정하고 있기 때문이다.

힌두교의 특징 중 제일은 섬기는 신이 여럿이라는 점이다.

이들이 섬기는 신의 종류가 무려 3만종이 넘을 거라는 말이 있을 정도라면 어안이 벙벙할 따름이다.

그 중에 대표적인 신은 인간의 삶과 관련하여 첫째 출생을 관장하는 부라마, 둘째 죽음을 주관하는 시바, 그리고 삶을 보살피는 평화의 비슈누 등 삼신(三神)이라고…….

힌두사원에 들어가 보면 대개는 이 삼 신 앞에 기도를 올리도록 마련하고 있다.

도무지 어수선하고 지저분하고 불편하기까지 한 사원이건만 인도인에 있어서는 더없이 신성한 장소다.

그래서 그곳에 들어가려면 반드시 신발을 벗어야 하고 그 안에서는 사진도 찍지 못하게 하고 있다.

대부분의 인도인들에게 종교는 너무나 생활 속 깊이 자리잡고 있어 가정은 가정대로 마을은 마을대로 심지어 구멍가게나 조그만 릭샤에까지 신상을 따로 모셔놓고 살면서도 일주일에 한 번 이상은 반드시 사원에 들려 기도하고 경배 드리기를 잊지 않는다고 하니 대단한 신심이 아닐 수 없다.

초등학생도 다 아는 또 하나의 얘기지만 힌두에서는 소의 존재를 빼놓을 수 없다.

이들의 의식 속에 자리하고 있는 소는 시바신이 타고 다녔던 신성한 동물이며, 또한 현실적으로도 먼 옛날부터 밭을 갈고 우유를 제공해온 귀중한 존재라는 점에서 힌두교인 들에게는 '삶 그 자체'의 상징적 의미를 갖는다.

때문에 수많은 자동차들이 쌩쌩 달리는 시내 중심가에서도 소와 그 일행(?)들은 아무 걱정 없이 태평스럽게 어슬렁거리며 활보하고 있다.

이들은 어릴 때부터 수많은 힌두신화 속에서 삶의 지혜를 배우며 자란다.

인도의 대표적 종교학자인 스리람 스와눕(75) 옹은 "힌두교의 가장 기본적인 질문은 '나는 누구인가'이며 이 질문을 반복한 결과 인간의 영혼속엔 신의 속성을 가지고 있다는 결론에 이른다"고 말한바 있다.

그러므로 힌두교도들은 육신이 아닌 영혼이 바로 진정한 자기자신의 모습이라고 생각한다는 얘기다.

어찌 보면 이 사람들의 의식 속엔 태어나서 힌두교도가 되는 것이 아니라 애시당초 힌두로 출생하고 있음이다.

힌두들은 유일신을 믿거나 섬기지 않기 때문에 다른 종교에 대해

맨발로 걸어 만리길 바라나시의 갠지스까지 간다는 힌두들.

서도 배타적이거나 독선적이지 않고 천상 너그러운 편이다.

또한 이들이 믿고 있는 무수한 신들은 하나 하나가 별개의 존재가 아니라 우주 그 자체이며 유일하고 지극히 숭고한 것으로 되어 있어 매우 철학적이다.

많은 신들은 대부분 화신(化身)으로써 평화의 신 비슈누 역시 여기 저기에 자기 몸을 변화시켜가면서 세상을 구제해 왔던 바, 석가모니 불타 또한 비슈누의 아홉번째 화신이라는 얘기가 그런류에 속한다.

참으로 상상을 초월한 그들의 논(論)이었으나 그렇게 믿고 산다는 데야 약(藥)이 없는 노릇 아닌가.

'그저 그런가 보다'할 따름이다.

게다가 불교나 기독교처럼 어마어마한 조직도, 특정한 성전(聖典)도 없으면서 수억의 신자들이 무형 속에 일체를 이루고 있다는데

다만 놀라울 뿐이다.

호랑이 찾아 호랑이 굴로 들어가듯, 힌두를 찾아 힌두속으로 더 들어가 볼 참이다.

자고로 경험은 창조의 어머니였다.

'백문이 불여 일견이요, 백견이 불여 일촉'이랬던가.

기본상식이지만 다시 한번

배낭은 출발에서 도착까지 여행자와 고락을 함께 할 분신이다.
어깨를 짓누르거나 끈 떨어진 배낭으로 짜증이 생기면 평생 후회할 일이며, 큰 것은 등에 메고 작은 것은 목에 걸어 두손과 두발이 모두 자유스러워야 일단 유사시의 위기관리에도 좋다. 내용물을 빠르고 편리하게 찾을 수 있는 구조인지도 다시 한번 체크해 볼일.
의복은 되도록 가볍고 편한 것으로 집에서 입던 것이 최고. 혹여 패션쇼를 연상케 한다면 이는 곧 바로 왕따감.
버려도 아깝지 않을 정도의 때 잘빠지고 쉽게 마르는 것을 준비하되 부족하면 현지의 티 하나쯤 사입는 맛도 멋이다.
특히 여름 인도일 경우, 옷에 대한 불안일랑 걱정을 말자.
그리고 머리감기 일회용 샴푸와, 빨래하기 가루비누는 그 편리성이 매우 높으니 챙기고, 예기치 못할 상황에 대비하여 소형 슬리핑백 하나 정도는 꼭 필요하다.(가벼우니까 부담 없음)
난데없는 소나기, 먼지 가득한 대합실, 마르지 않은 빨래 등 두루 쓰여질 대, 중, 소 비닐 봉다리의 요긴함은 떠나보면 알

6

골든 트라이앵글

핑크 시티

며칠간 머물렀던 조드푸르가 온 시가지의 집들을 잉크 빛으로 칠한 탓에 블루 시티(Blue City)라 했던 것을 상기하면 조금 코믹하다는 느낌이었는데 지금 이곳 라자스탄의 주도(州都) 자이푸르는 구 시가지를 가득 메우고 있는 분홍색 건물 때문에 핑크 시티(Pink City)라 부르고 있다.

아닌게 아니라 성안의 집들이 듣던 대로 온통 분홍빛 일색이다.

색깔 말고도 그럴만한 사연은 또 무엇일까.

훗날 에드워드 7세가 됐던 영국의 웨일즈공이 1876년 왕자의 몸으로 이곳을 방문한 일이 있었는데 그 당시 웨일즈 왕자를 어떻게 환영해야 가장 최상의 환대가 될까를 생각하던 마하라자(城主)가 몇 날 몇밤을 뜬눈으로 지새다가 급기야 앓아 눕고 말았는데 그때 갸륵하고 충성스러운 신하가 간곡히 아뢰기를 자고로 라자스탄의 전통적인 환영깃발은 분홍빛깔이었으니 그 뜻으로 사용되어온 핑크색 물감을 성안의 건물에 뒤집어씌움으로써 거시적인 환영의 뜻을 표하면 아마 왕자님께서도 크게 기뻐하지 않겠느냐고 간청한 나머지 이를 시행한 결과 도시가 온통 분홍빛으로 물들어 핑크 시티가 됐다는 얘기다.

그후 과연 웨일즈 왕자는 크게 기뻐했는지 아니면 역겨운 기분으로 돌아갔는지 그리고 그렇게 간한 신하는 그후 상을 받았는지 벌

도시전체가 핑크빛, 일색인 가운데 바람의 궁전 하와 마할은 그 중에 대표급이다.

을 받았는지 증거 할 기록은 어디에도 없으나 그렇게 탄생된 핑크 시티는 122년이 흐른 지금도 그때의 성과를 착실히 지키기 위하여 당국에 강제적 규정까지 두어 여전히 핑크빛을 유지하고 있다니 참으로 가상한 일이 아닐 수 없다.

가장 토속적이고 자기중심적인 것이 세계적인 것이라던가.

아무튼 그래서 더욱 유명해진 핑크 시티다.

그 중에서도 다운타운 중심부에 제일 아름다운 모습으로 핑크 빛을 유감없이 뽐내고 있는 곳은 하와 마할(Hawa Mahal) 즉 바람의 궁전이다.

성안에서만 갇혀 살 수밖에 없었던 궁중의 여인들에게 자기 몸을 들어내지 않고 바깥세상에서 벌어지는 축제나 행진 혹은 보통 사람들의 사는 모습을 내다볼 수 있도록 특별히 벌집과 같은 형태의 창살로 만들어 놓은 건축물이다.

따라서 통풍이 잘되는 격자형 창문을 줄줄이 이어놓은 길가 쪽 전면은 넓고 퍼진 5층짜리 건물인데 비해 측면의 폭은 아주 좁은 특이한 모양새가 멀리서 보면 공작새가 꼬리를 활짝 펴고있는 모양새다.

몹시 더운 지역임을 감안해 바람이 잘 통하도록 특수 설계로 지었다 하여 일명 바람의 궁전(Palace of Winds)이라 부르고 있다.

상점들이 즐비한 건물아래 쪽 그늘이 시원한 맛에 바람의 궁을 건너다보며 넋을 잃고 얼마를 앉아 있었을까.

길가에 갑자기 한 무리의 젊은이들이 와글와글 복잡을 떤다.

무언가 내놓고 펼치면서 삼삼오오 뒤엉켜 홍정하는 난장의 모습들이 여간 홍미롭지 않다.

향수와 사리와 보석 같은 올망졸망한 것들이 주종을 이룬 가운데 그림도 있고 골동품도 한축낀다.

"Hello Japanese?"

"No - "

"Excuse me, Emerald very good, you want?"

"No - "

"아하! 한국사람, 이거 좋다, 싸다"

"No - "

크고 큰 것들

인도 역사상 가장 강력했던 무굴(Mughul)제국의 악바르(Akbar) 황제와 혼인을 통해 특별관계를 맺음으로써 그에 따른 혜택과 평화를 맘껏 누렸던 사람은 암베르 성주 자이 - 싱(Jai Singh) 2세였다.

무굴 제국이 무너질 무렵인 1727년 말, 본거지를 암베르성에서 11km 떨어진 이곳으로 옮겨와 힌두 특유의 성을 새로 쌓음으로써 시작된 쟈이프르는 7개의 성문을 갖고 있으며 성안은 다시 직사각형 모양의 7개 구역으로 나뉜다.

이들 또한 일곱(7) 이라는 숫자에 매우 끌리고 있음은 우리와 우연의 일치일까.

그 한가운데 자리잡고 있는 시티 팔래스는 넓은 두 공간이 감싸고 있어 널찍해서 좋았다.

많은 건축물 중에도 유난히 압권인 곳은 역시 7층의 찬드라 마할 궁 이었으나 그곳은 지금도 마하라자의 거처로 사용되고 있어 출입이 통제되고 있다.

지붕에 국기가 펄럭이고 있는 것으로 보아 오늘은 외출도 않고 집에서 쉬는 모양이다.

궁에 딸린 박물관 쯤은 그냥 구경 시켜 줄 만도 하련만 오히려 다른데 보다 두 배나 더 비싼 20루피의 입장료를 챙기고 있어 조금 야속하다는 생각까지 들게 만든다.

어디에서나 마찬가지로 과거 이들의 조상이 생존을 위해 용맹을 떨쳤던 의상과 무기와 그림들이 방방마다 차고 넘친다.

중앙 홀을 가득 차지하고있던 샹들리에는 인도 전역에서도 그 크기가 최고라는데 먼 옛날 손놀림으로만 어떻게 그리 만들 수 있었는지 고개만 갸우뚱해질 뿐이다.

큰 것 중에는 카펫도 한몫하고 있어 어떤 것은 수십미터 쯤 실히 됨직한 도르래의 쇠사슬에 매달려 있는 모습이 도대체 어디에 쓰여졌을까를 궁금케 하고 있다.

또, 큰 것 가운데 은(銀) 항아리 얘기가 화제에 올라 찾아 봤더니 물을 담았던 항아리라고는 짐작키 어려울 만큼 우리키보다 훨씬 큰 규모를 뽐내고 있다.

그리 멀지도 않는 1백여 년전 영국으로 공부하러간 철부지 마하라자가 힌두인으로써 갠지스강의 물이 아니면 마실 수 없다 하여 물을 퍼나르기 위해 만들었다는데 갠지스강 물을 가득 퍼 담고 인도와 영국 사이의 바다를 몇날 몇달씩 뱃길로 왕복했을 세계에서 가장 큰 물 항아리가 지금은 왕년의 그 화려했던 여정을 고이 접은 채 말이 없다.

바깥 정원엔 엄청 쏟아지는 불볕 아래 옛 영화를 상징이라도 하듯 천문대의 크고 작은 축조물들이 거의 원형대로 보존돼있어 많은 사람들이 신기한 듯 기웃거린다.

불과 50년 전인 제2차 세계대전 전까지만 해도 실제로 사용하고 관측했다는 갖가지의 구조물들.

그 중엔 24절기를 뚜렷하게 구분해주었다는 역 반구형도 있었고 천체를 관측했던 전망대는 별자리에 따라 각도와 방향과 높이가 각기 다른 모양으로 여기저기 흩어져 있다.

그중 제일 높은 탑은 출입을 못하도록 장애물을 설치해 놓았는데 이유인즉 심심하면 꼭대기에 올라가 자살소동을 벌이기 때문이란다.

하늘의 별자리를 대리석으로 깎아 땅속에 묻어놓고 우주를 관측했던 역반구형 천문대의 일부

우주의 신비나 풀어볼 일이지 뭣하러 자살(?)대로 삼아 기어오른단 말인가.

오나가나 원치 않는 말썽꾸러기는 꼭 있기 마련인 모양이다.

벗는 예절

힌두사원에 들어갈 땐 예외 없이 신발을 벗는다.

그 안에 있는 부라만 사제들은 신발 뿐 아니라 윗통까지 벗고 있는 경우가 허다하다.

하기야 우리도 더운걸 생각하면 이것이고 저것이고 훌훌 다 벗어 던지고 싶을 때가 하루에도 열두 번이다.

그래도 동방예의지국의 양반이 그럴 수는 없어 꾹꾹 참고 견디려니 더위 때문에 겪어 내야할 고충이 이만저만 아니다.

그런데 하늘이 무너져도 솟아날 구멍은 있다던가.

이 사람들이 웃옷을 벗고 있는 건 바로 존경과 예의의 표시라니 참으로 다행스럽고 더운 나라 백성들의 지혜라 아니할 수 없다.

그렇다면 어른을 대할 때나 공공의 집회장에서 한국인이 모자를 벗어 예를 갖추는 것이나 같은 맥락으로 보아도 되는 것일까 의아하다. 인도인들이 윗통을 벗고있는 것은 오랫적부터 내려온 하나의 예절이라고 한다. 왜냐하면 옷이란 결국 오염(?)을 일으킬 수도 있는 매개체 정도로 여겼었다니까 말이다.

그래서 그랬을까.

이들의 전통 의상은 남녀를 불문하고 재단하여 박음질한 옷의 형태가 아니다. 그냥 희거나 울긋불긋한 통짜 천으로 그럭저럭 몸을 둘둘 말고 슬쩍 걸치는 스타일이다.

특히 여성들의 우아한 사리(Sari)는 우리 나라 포목원단처럼 폭이 석자(약 1m)에 길이가 15~20자(5~7m)인 통으로 된 옷감을 입었다기 보다는 몸에 적당히 두르고 있음이다.

아마도 육체의 청정성을 유지하기 위하여 입고 벗기가 용이하도록 발달된 의상문화인 듯싶다.

마음먹기에 따라 별다른 절차나 애로사항 없이 순식간에 알몸이 될 수도 있고 또 빨래하기는 얼마나 편리할까.

그래서 공동 빨래터에 널려 있던 빨래들이 내 눈엔 온통 갓난아기의 기저귀가 펄럭이는 것처럼 보였었나보다.

전해들은 이야기지만 인도 여성의 사리 입는(걸치는) 방식은 허리부터 시작하여 몇 번 돌려감은후 그곳(허리)에서 주름을 잡아 배꼽부근에 꾹 찔러 넣고 남은 것을 왼쪽어깨로 넘기면 된단다.

이때 자연스럽게 생긴 주름은 배꼽 아래로 퍼져 내려가 자신의 가장 중요한 부분을 가리고 보호하는 역할을 해준다는데 그 의미 또한 범상하여 모든 악(?)을 막아주는 효과까지 있다고 한다.

도대체 핀도 단추도 쟈크도 없는 통째로의 천(옷)이 자기도 모르게 언제 흘러내릴지 모르는 아슬아슬 함이다.

남자들의 경우도 윗통 없이 1,2미터 짜리 통짜 천으로 배꼽 밑을 슬쩍 감아놓은 룽기 차림일 경우는 도무지 목욕탕에서 타올 하나 걸친 모습이나 무엇이 다르랴.

사리를 입건 룽기를 두르건 남녀간에 공통점은 모두 허리통과 배꼽이 노출되고 있는 구조다. 보일락 말락한 배꼽티도 아니고 아예 허리와 함께 시원하게 드러나 있는 배꼽, 배꼽들.

어떤 사람은 배꼽미(美)가 얼마나 좋으냐고도 했지만 아무리 보아도 그곳에 미는 없는 것 같다.

배꼽정도는 관대하면서도 종아리와 허벅지는 고수하겠다는 이들 앞에 아무리 외국인이라도 미니스커트는 매우 조심할 일이 아닐 수 없다.

이들이 우리를 보는 시선 속엔 '가슴이나 배꼽이야 한 뼘씩 나온들 뭐가 어때, 하지만 야하게도 무릎을 내놓다니 망측도 해라!'

꼭 그러는 것 같다.

정말 망측스러운 일이다.

희생양

힌두교의 3신중 주신이라 할 수 있는 시바신 역시 자신은 물론 수많은 가족 모두를 신으로 만들어 놓고 있다.

하기야 신의 가족이니 그들 모두가 다 신일 수밖에 없음은 지당한 말씀이다. 그의 아내 중 우마(Uma)는 성미가 거칠고 피를 좋아하는 여신이었다고 한다.

힌두교가 번창하고 있는 곳이면 어디를 가나 한결같이 모셔져있는 검은 여신 칼리(Kali)는 바로 그 우마의 화신으로 추앙되고 있다.

신의 세계니까 자기 마음 대로 입맛에 따라 화신이 되곤 했었던 모양이다. 그래서 그런지 칼리신을 모신 사원에서는 가끔씩 동물을 희생양으로 바치는 의식이 자행되곤 한다.

이 뜨거운 여름날 그냥 서있기도 현기증이 날만큼 무덥고 힘든데 칼리여신을 참배하기 위해 원근에서 모여든 신자들로 시장통 사원 안은 몹시 시끄럽고 혼잡스럽고 어수선한 장바닥을 이루고 있다. 게다가 어디선가 확성기를 통해 신을 찬미하는 노래가 귀청이 따갑도록 울려 퍼진다.

본시 참배란 조용한 산중이나 아니면 꼭두새벽의 고요를 틈타 누가 알까 무섭게 자신만의 정성으로 천지신명께 고하고 대화하며 응답을 받아보는 것일진데 어찌하여 이들은 벌건 대낮에 이렇게 혼잡스럽고 시끄러운지 알 수가 없다.

칼리여신을 뫼신 우마사원중에 그마나 조용하고 시원한 뒷뜰.

종교 문제인 만큼 누구도 왈가왈부할 일은 못되지만 아무리 생각해봐도 참으로 모를 일 중 하나다.

그렇게 어수선한 가운데도 사원에 들어가려면 신발만은 꼬박꼬박 벗기고 있다.

이들처럼 애시당초 맨 발인 사람들에게는 편리하고 당연하기까지

한 규칙이겠으나, 신발을 신고 살아온 우리들에겐 그때마다 번거롭고 귀찮은 일 중 하나다.

맨발에 샌들을 신었기에 망정이지 만약 양말을 신고 나왔더라면 2중고를 겪을 뻔했다.

왜냐하면 양말을 신고 한 바퀴 돌아 나오면 금방 새까맣게 되어 그대로 신발을 신을 수가 없을 지경이다.

사원 안에는 여신의 상징인 새까만 돌이 있고 덕지덕지 원색을 칠해 그려 놓은 얼굴모습이 괴기를 닮아 기괴한 인상이다.

그뿐 아니라 칼리여신에게 바쳐진 목잘린 양의 머리가 매달려 있는 걸 보면 섬뜩한 생각에 머리까지 쭈뼛해진다.

엄청난 인내심을 발휘하면서 마치 성지순례라도 하듯 사원을 돌아 나오는데 한 무리의 장정들이 웅성거린다.

본능적인 호기심에 그들 속으로 기웃거려 들어갔더니 으악 - !

살아있는 양을 도살하고 있는 게 아닌가.

단칼에 양의 목을 베어놓고는 몸통을 질질 끌고가 가죽을 벗기고 능숙하게 살을 도륙한다.

종교의 이름아래 도살(?)업이 공공연하게 자행되고 있는 한낮의 사원 뒤뜰. 양 머리로 제사를 지내고 나면 나머지 고기는 판매하고 수입금은 칼리사원 운영비에 보탠다고 한다.

희생양은 반드시 검은 양에 수컷이어야 한다는데 검은빛은 악을 상징하므로 그 목을 쳐야 질병 등 모든 재난을 면하며 칼리여신에게 바칠 제물이니 상대적으로 수컷을 고르는 건 당연하다는 얘기다.

종교가 무엇이기에 이런 대명천지에…….

그러고 보니 그 동안 건성으로 들어온 희생양이라는 말의 실체를 여기서 목격하고 있다.

산 경험 치곤 너무나 비릿하다.

이런 공부는 안해도 되는 건데…….

영화 한편

엄청 덥지만 그래도 종일 씩씩하게 잘도 다녔다. 좋은 곳도 있었고 힘든 시간도 있었으며 비릿한 일도 겪은 매우 바빴던 하루가 밤의 세계로 나래를 접는다.

내일은 빨래도 할 겸 재충전을 위해 이동이 없는 날. 이 얼마나 마음 넉넉한 여유로움인가. 이럴 땐 무제한으로 잠을 청해 보는 게 상책이련만 오히려 밤이 깊은데도 잠이 오지 않고 있으니 웬일일까.

가자, 오늘은 영화관엘 가보는 거다.

골든 트라이앵글 지역을 위해 '인디아 비전'에서 특별히 도와주고 있는 미스터 씽(Singh)을 졸라 릭샤를 불렀다.

혼자 가도 못 갈거야 없지만 영화가 끝나고 나면 자정이 넘는 시간인데 그런 시각에 숙소로 다시 돌아올 일을 생각하면 심야의 안전상 불여튼튼 한게 상책이 아닐까 싶어서다.

라즈 만디르(RAJ MANDIR)는 쟈이프르에서 제일 유명한 곳으로 호화스런 실내장식이 일품인 대형 극장이다.

예상 대로 극장 앞은 표를 사려는 사람들이 길게 늘어서 있다.

남녀 창구가 따로따로인 매표소에서 남자와 여자가 별도로 줄을 서 표사고 있는 모습은 또 다른 낯선 풍경이다.

씽을 동반하지 않았더라면 입 고생부터 시작하여 여의치 못했을 것을 그의 잽싼 동작과 현지인이라는 이점으로 큰 고생 없이 체크-인 할 수 있어 참으로 다행이었다.

메인 홀에 들어가기 전의 프런트는 흡사 오페라 하우스처럼 웅장하고 넓고 화려한데다 오랜만에 접해보는 에어컨시설 덕분에 시원하기까지 하다.

무더운 바깥 세상의 인도와는 너무나 대조적이다.

인도는 미국과 함께 세계에서 가장 많은 영화를 제작하는 나라로 한해에 보통 7백~1천 여편을 출시하고 있다니 하루에 2,3편 꼴로 새로운 영화가 쏟아져 나오는 셈이다.

그렇게 많이 만들어지는 이유는 국토가 너무 넓은 탓에 종교에 따라 판이한 지방 문화를 가지고 있음과 공식적으로 통용되는 언어만해도 15개나 되어 TV나 라디오의 네트웍이 전국을 커버할 만큼 영향력을 미칠 수 없음이 원인이란다.

게다가 뜨겁고 후덥지근한 일기와 힌두교리 때문에 밤의 유흥가에 술 문화가 크게 발달할 수 없었던 점도 오히려 영화산업을 발전시키는데 기여했다고 한다.

오늘 저녁의 영화도 마찬가지지만 인도인을 극장 앞으로 줄서게 만드는 영화는 대부분 마살라 무비(Masala Movie)로써 마살라란 이 사람들이 식사 때 얹어 먹는 양념을 일컫는 말이다.

10분간의 중간 휴식을 포함하여 3시간정도 상영되는 대중영화를 하필이면 마살라로 부르는 까닭은 울리고 웃기는 멜로드라마를 골자로 하고 있는 한편의 영화가 그 속에 폭력, 섹스, 춤, 음악, 스릴 등 온갖 요소들을 다 포함하고 있다 하여 음식에 넣는 갖가지 양념이란 뜻으로 그렇게 부르게 됐다는 얘기다.

우리 영화는 대부분 전개되는 내용에 따라 우선 관심이 집중되고 그 이야기를 좇아가느라 신경이 곤두서는데 반해 오늘의 영화는 '진실 뒤에 숨겨진 비밀'이란 제목과는 별 상관없이 엄청난 배경화면에 철철 넘치는 노래와 훨훨 나르는 춤이 내용을 어디로 끌고 가는지 헷갈리게 한다.

어쨌거나 웅대 무비에 스팩타클해서 속이 후련했던 영상과 오리지널 사운드로 팡-팡-울렸던 신나는 음악이 사운드 오브 뮤직을 닮은 듯 시원하다.

사막을 건너오며 심신이 지치려 했던 여독을 단숨에 걷어 준 영화 한편의 매력이 지금도 눈에 선하다.

세상살이 시름 잊고 잠시나마 호화의 극치를 맛보게 해주고 있는 영화 한편이 지치도록 피곤한 하루를 보냈음이 분명한 인도 백성들을 부담 없이 보듬어 주고 있다.

이들에게 있어서의 마살라 무비 한편은 우리가 일상에서 늘 밥을 먹고 살 듯 그들이 매일 먹어야 하는 짜빠띠(빵)와 그 양념 같은 존재가 아닐까 하는 그런 생각이 자꾸 드는걸 막을 수가 없다.

오페라 하우스처럼 웅장하고 화려한 극장의 영화선전포스터

에로스의 레슨

다민족, 다종교 국가인 미국과 소련 그리고 인도 같은 나라에서 영화가 크게 발달하고 있음은 결코 우연이 아니며 매우 홍미로운 일이다.

각국이 갖는 역사적 배경은 다르겠지만 영화가 국민통합에 상당한 역할을 수행하고 있기 때문이라고 말하는 전문가들도 있다. 인도의 경우에도 그런 분석이 적합한지는 솔직히 아직 모르는 단계지만 어쨌든 이 나라는 외형상 영화강국이다.

발리우드(봄베이와 할리우드의 합성어)라는 말이 회자되고 있을 정도니까.

인도영화들은 대부분이 마살라식 오락영화가 많으며 아직도 시골이나 두메마을에는 천막극장이 거의 유일한 오락수단으로 각광받고 있다니 우리 나라 1950~60년대의 그때 그 모습과 비슷한 모양이다.

대한극장에서도 얼마전 상영된바 있는 '카마수트라'는 영화제목으로 한몫을 보고있는지 여기서도 대단한 관심사요 인기를 실감케 하고 있다. 섹스만으로 사랑을 쟁취하려던 한 여인이 진정한 사랑을 통해 인간 본연으로 성숙해 가는 과정을 잘 그려낸 작품 카마수트라는 제목 자체가 '사랑의 서(書)'라는 뜻을 가진 인도의 유명한 성전(性典)에서 따온 이름이다.

전편에 흐르는 배경은 카스트제도가 인간을 짓누르고 있던 16세기 중세 인도의 한 작은 왕국.

타라공주와 그녀의 시종이자 무희인 마야는 어려서부터 같이 자라면서도 서로에게 질투를 느꼈던 사이.

타라공주로서는 시녀의 미모와 재능이 샘 났고 마야로서는 범치 못할 공주의 신분이 부러웠기 때문이다.

세월 따라 성년이 된 공주는 이웃나라 라신왕과 결혼하게 되는데 성대한 결혼식날 신랑인 왕의 시선이 매혹적인 미모의 시녀 마야만을 뒤쫓자 신부는 그녀에게 공개적으로 모욕을 주고 이에 격분한 마야는 공격적인 질투심으로 왕을 유혹해 첫날밤을 먼저 치른다.

사랑해선 안될 사랑의 정사는 이내 들통이 나고 마야는 궁중에서 쫓겨나 라신의 나라로 도망간다.

사랑의 성전 카마수트라의 섹스기법을 배움으로써 실력을 연마한 마야는 라신왕의 후궁이 돼 타라에게서 왕의 사랑을 빼앗는다. 그러나 마야의 정념은 거기서 그치지 않고 왕실 조각가 제이와 또 다른 사랑에 빠지는데…….

신분이 아주 고귀하거나 남의 첩이 되려는 여자만이 배울 수 있다는 카마수트라, 그리고 성의 기교를 배워 남자를 만족시켜야할 의무를 여성에게 강요했던 중세의 인도 사회.

하지만 그 속에서 마야는 섹스만으로는 여자의 사랑과 삶이 모두 완성될 수 없음을 깨닫는다.

결국 조각가 제이 마저도 자신의 예술이 방해 받을까봐 두려움을 느낀 나머지 마야를 떠나고 만다.

사랑의 완성은 욕망에 대한 집착에서가 아니라 인간 영혼의 합일에서만 이룰 수 있다고 영화는 암시했었다.

스크린 가득 배경으로 깔리고 있는 중세 인도 왕실의 엄청난 계급적 호사라든가 주인공들이 입고 나오는 왕가의 눈부신 의상과 장식, 장쾌한 몸동작과 율동, 그것들을 표현하고 있는 원색의 화면구

왕궁에서 쫓겨난 마야는 궁중조각가 제이까지 사랑하게 되는데…

성 등 엄청난 스펙타클이었다.

한점 소홀하지 않은 전통과 문화와 역사와 습성을 시사하기 위해 애쓴 흔적이 한편의 '인도문화 총람'을 보는 것 같다.

산뜻한 플룻의 선율 속에 진정한 사랑의 의미를 깨달은 마야가 모래 바람속으로 희미하게 사라져가던 라스트신이 아직도 긴 여운을 남기고 있다.

근년 들어 중국과 이란의 영화가 세계적 조명을 받고있는 가운데 인도영화까지 가세하게 된 배경엔 이 나라의 경제부흥 가능성이 함께 잠재력을 키워주고 있음은 아닐는지……

하버드대학에서 사회학을 공부하기도 했던 미라 네어 감독이 미국 자본을 끌어다가 만든 영화라지만 감독, 배우, 스태프가 모두 인도인인 인도영화 카마수트라.

그런 영화를 만들고 있는 이 나라에 임권택 감독·강수연 주연의 우리영화 '씨받이'가 5개월 동안이나 장기 흥행에 성공했었다는 사실이 오늘은 또 다른 시각과 감동으로 와 닿는다.

어쨌든 이 작품의 제목은 에로스(카마)의 레슨(수트라)이다.

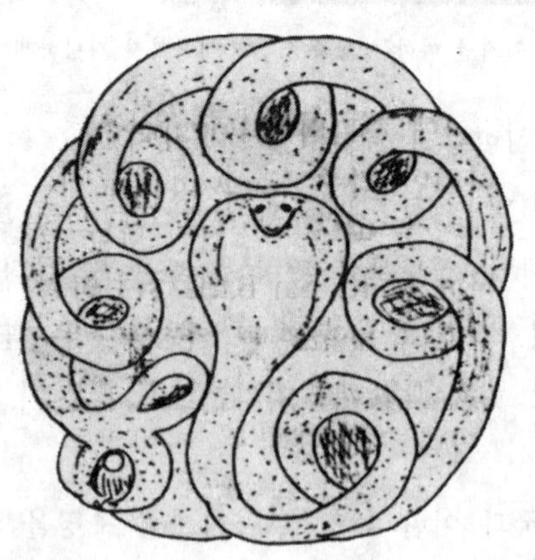

맨몸의 나라

이곳 쟈이프르와 델리 그리고 아그라를 묶어 이들은 '황금의 삼각지대(Golden Triangle)'라 부르고 있다.

아마도 힌두 문화와 이슬람 문화가 적절히 어우러져 인도의 매력을 고루 잘 살펴볼 수 있는 곳이란 얘기인 듯싶다.

라지프트의 화려했던 역사를 받쳐왔던 라자스탄 사람들의 핑크시티가 있어 좋고 12세기 이후 이슬람 왕조가 도읍으로 삼았던 델리는 붉은성 등 유적들이 많으며 16~17세기 무갈왕조의 수도였던 아그라에 가면 이 나라의 상징물이 되다시피 한 타지마할이 거기 있다.

우리의 인도유랑 대륙횡단 길이 바로 그 골든 트라이앵글에서 하프라인을 넘고 있다.

아니, 이제 또 다른 시작을 새로 시작하려 하고 있다.

어떤 곳에서는 무지막지한 비 때문에 인명이 상하고 우리 또한 얼마나 큰 고초를 겪었던가. 그러나 지금 이곳은 많은 사람들이 연인을 기다리듯 몬순을 고대하건만 7월의 태양이 사정없이 내리쬐는 대지는 모든 것을 불태울 듯 바삭거린다.

어디는 물이 넘쳐 야단이고 또 어디는 물이 없어 큰일이고……

그 여름의 한가운데를 뚫고 여기까지 달려온 여정은 정말 더위만큼이나 참기 어려운 고단한 노정이었다.

하지만 인도는 그런 와중에도 또 다른 방식으로 내게 '사는 법'을 배우라 한다.

냉정과 무심함을 유지해야함도 일러준다. 무쌍한 자연의 변화와 예기치 못한 일들이 사람을 무력하게 만든 곳에서는 체념과 달관도 빨리 깨치도록 해주었고 더위가 극성일 땐 몬순이 머지 않음도 맛보았다.

벤쿠버에서 왔다는 브라운 씨 부부는 63세 동갑네란다.

그들은 평생 직장을 리타이어(Retire)하고 지난달 봄베이를 시작으로 반년을 여정 삼아 인도를 살펴본 뒤 크리스마스 때가 되면 집으로 돌아 갈거라고 했다.

그가 처음 인도에 왔을땐 더러운 도로에 그대로 누워 잠자는 사람들을 보면서 지옥이라고 생각했으나 지금은 너무도 자연스럽게 그 속에 녹아있는 자신의 모습을 발견하면서 "인도야말로 가장 솔직한 땅이라는 생각이 든다"고 한다.

듣고 보니 나도 슬슬 브라운 씨 부부와 비슷한 느낌으로 공감하고 있음을 숨길수가 없다.

이는 포장문화에 익숙해진 현대인들이 오히려 인도의 벌거벗은 자연스러움에 매혹되고 있음이 아닐는지…….

아니면 남의 부족함을 보면서 혹여 자신의 행복에 만족감을 더해 보려는 얄팍한 심리와도 연관이 있는걸까.

길가에 널브러진 거지들, 장애인들, 천막 한 장에 온 식구가 엉켜 살아가는 모습들, 어쨌든 인도는 아무 것도 숨김없이 들어내고 있음이 매력이다. 아니, 이들은 그런 속에서도 조급함에 안달하지 않고 태평스럽기만 하다.

가는 사람 잡지 않고, 오는 사람 막지 않겠다는 듯 말이다.

그래서 많은 사람들이 인도여행을 하면서 보이지 않는 인도의 냄새에 취하고, 부처의 얼굴을 닮아 가는가 보다.

여행중에 흔히 볼 수 있는 거리의 이발소(좌)와 세탁소(우)

손에 잡힐 듯 그러나 도회지 쪽 사람들보다는 시골사람 얼굴에 인도는 더 많이 녹아있는 것 같다. 남자보다는 여자가, 젊은이보다는 나이든 이의 얼굴을 보면 더욱 그렇다.

태어남도 죽음도, 풍족함도 가난함도 이들에게는 삶의 일부분 일 뿐 그렇게 요란스런 호들갑을 떨 일이 아니란 듯 말이다.

그래서 온 나라가 가난을 벗어나지 못하는거라고 쑤군대는 사람들도 있기는 하지만 어느 것이 정답이며 옳고 그른 것이 어느 쪽인지는 조금 더 두고볼 일이다.

아무튼 맨몸의 나라다운 여유다.

7

델리

수도 입성

이상한 쇠기둥

오 - 신이여

마하트마 간디

네 - 루 가(家)

장하다 친구여

수도 입성

이 나라에 들어오는 주요 관문 중 하나이자 인도의 과거와 현재와 미래를 한눈에 볼 수 있는 수도 델리(Delhi)는 히말라야에서 발원한 야무나(Yamuna)강을 끼고 발달해 있다.

1,485㎢의 면적에 880만이 모여 사는 곳으로 행정구역상 어느 주(州)에도 속하지 않은 중앙정부 직할령(Union Territory)이다.

말하자면 서울특별시와 같은 경우다.

B.C 1천2백년경 마하바라타 시대에 이미 도시가 형성된 흔적이 있으므로 3천년이 넘는 역사를 간직한 고도(古都)다.

'올드 델리'란 신도시 '뉴 델리(New Delhi=N′ Delhi)'가 형성되면서 편의상 상대적으로 붙여진 이름으로 모두가 그냥 델리일 뿐, 결코 두 도시는 아니다.

혹자는 말하기를 '델리는 인도가 아니야, 진짜 인도는 모두가 시골에 있거든……' 하며 혹평까지 서슴치 않던 얘기를 출국 전에 들은바도 있지만 과거의 역사 속에서 만나 볼 수 있는 인도가 있는가 하면 현대를 살아가면서 미래를 꿈꾸는 그런 인도도 보고 싶었다.

한낮의 더위가 너무나 지겨워 새벽같이 서두른 덕인지 쟈이프르 떠나 5시간만에 델리에 닿았다.

중간에 어쩔 수 없이 때워야 했던 비닐 봉지의 점심 신세를 면할 수 있어 얼마나 다행이었는지 모른다.

올드 델리에서 심심찮게 눈에 띄는 영문과 한글 병기 간판들. 그들은 우리말도 곧잘한다. 한국인들이 많이 다녀가나 보다!

수도를 향해 뻗은 도로 사정이 다른 곳에 비해 월등히 좋았던 점도 빨리 올 수 있도록 크게 한몫 한 요인이다.

국제공항 부근을 지나면서 오랜만에 만난 SAMSUNG, L.G, SSANG-YONG, S.K, HYUNDAI, DAEWOO 등 기업광고, 선전탑이 그렇게 정겨울 수가 없다.

생전처음 보는 것처럼 '야 - 저기 우리 꺼 많네'를 속으로 연발하며 촌스럽게도 카메라 셔터까지 눌렀다.

불과 1년만의 재입성인데도 새로운 이름과 훨씬 많아진 우리나라 기업 이미지 간판들의 행렬이 가슴을 뿌듯하게 해준다.

밖에서라도 이렇게 열심히 뻗어준다면 그것은 곧 조국 통일을 앞당길 수 있는 나라의 힘으로 승화되는 거겠지……

지나던 길에 모처럼 중국 음식점을 만나 따끈한 계란 국물에 볶

음밥 한 그릇으로 점심을 해결하고 나니 온 세상을 다 얻은 것처럼 만족스럽고 해피하다.

반달만에 개운한 밥 꼴이라도 맛볼 수 있었던 건 그나마 수도라는 국제도시였기에 가능했던 일이다.

1911년 당시 인도를 통치하고 있던 영국이 수도를 캘커타(Calcutta)에서 델리로 옮기며 신도시를 만들어 놓았으니 넓게 쭉쭉 뻗은 도로망과 4각으로 깨끗하게 올라간 빌딩들이 서구의 어느 도시처럼 녹지와 함께 잘 정돈돼 있다.

특히 코넛 플레이즈 광장을 중심으로 고속도로처럼 시원스럽게 뚫어놓은 중심부와 마치 파리의 개선문처럼 인디아문을 세워놓고 거기서 샹제리제(?) 거리 끄트머리쯤에 대통령궁을 배치한 모습이 새로운(New) 델리임을 실감케 한다.

박물관, 국회의사당, 북부정부청사, 남부청사 등 다분히 위협적인 저 건물 속에서 이 나라의 야심가들은 저마다 무슨 일들을 꾀하고 있을까.

거대한 대륙에 군림하고 있는 정치와 행정의 중심지에서 자신의 욕망을 실현하기 위해 분골쇄신하겠지.

'이 한 몸 다바쳐 나라와 민족을 위하겠노라'는 구구절절한 구호와 함께 우국충정의 숱한 애국자(?)들이 말이다.

이상한 쇠기둥

코넛 광장에서 남쪽으로 15km를 달려 조금 한가한 곳으로 빠져 나오면 만나는 곳. 굽타 미나르 유적지는 웬일인지 입장료를 받지 않아 오히려 이상했다.

멀리서도 눈에 확 띄었던 공장 굴뚝처럼 생긴 구축물 하나가 무엇보다 제일 궁금하여 입장하자마자 달려가 보았더니 그것은 적사암 돌로 쌓아 그 높이가 72.5m나 되는 기념비였다.

1193년 슬라브왕조(Slave Dynasty)의 술탄이었던 굽타 우딘이 힌두교에 대한 승리를 자축하여 쌓기 시작한 승전탑이라는데 완공한 것은 그의 사위이자 후계자였던 삼수딘이었다고 전한다.

탑은 각층마다 베란다가 있는 5층 구조로 아랫부분의 지름은 14.5m나 되는 반면 정상부의 지름은 2.5m에 불과해 뾰족한 모양새다. 층마다 서로 문양이 다르고 창문의 방향까지 틀린 점은 각기 다른 종파끼리 하나의 탑에 공존하고 있음이란다.

본래는 안쪽으로 오르도록 계단도 있었으나 얼마전 학생들의 무질서한 단체 관람에서 비롯된 압사 사고 이후 지금은 아예 내부 통제가 전면 금지되고 있어 아쉽지만 들어가 볼 수는 없었다.

승리탑 옆에 있던 크와루트 이슬람 모스크는 인도 땅에 최초로 세워진 회교사원이라는데 하필이면 이곳에 터줏대감으로 자리잡고 있던 27개의 힌두사원을 모두 부수고 그 석재를 다시 이용해 이슬

1천6백년이나 제자리를 지키고 있으면서도 아직껏 녹이 슬지 않고 있는 쇠기둥.

람사원으로 재건축하여 오늘에 전하고 있다니 세월 무상이다.

앉으나 서나, 밤이나 낮이나 사랑과 용서와 자비를 외우고 바라고 베풀며 사는 게 종교인의 본질일텐데 그들이 오히려 저토록 파괴를 반복하고 있으니 참으로 아이러니컬한 일면이다.

사원 마당 한 가운데 박혀있는 둥근 쇠말뚝 하나는 아무런 장식도 지붕도 없이 쨍쨍 내리 쬐는 태양만을 벗하며 서있다.

이 쇠기둥은 굵기가 씨름선수 몸통만한 것이 높이가 7.2m나 된다고……

쇠기둥에 새겨진 6줄의 산스크리트어에 의하면 이는 굽타(Gupta) 왕조의 찬드라 굽타 2세 (375~413)를 기념하여 비슈누 사원 마당에 세워놓았던 것이라는데 그렇다면 지금부터 1623년 전의 물건이란 얘기가 된다.

과연 그 시대에 이만한 철기문화가 있었을까도 의아스럽지만 더욱 놀라운 건 아직껏 쇳녹이 슬지 않고 있다는 점이다.

쇠붙이는 비맞고 노출되면 반드시 녹이 스는 것으로 배워왔던 우리의 상식에 잠시 혼돈이 일어나려 한다.

하지만 알고 본즉 쇠도 쇠 나름인지라 철분순도 99.9%만 유지되면 녹이 슬지 않는 법이란다.

새로운 상식을 접하면서 '아하, 그렇구나'하기는 했으나 또 다른 의문점은 계속 남는다.

오늘날과 같은 과학문명의 발달이 없었을 그 시절 1천6백여년 전의 제련술로 과연 철분순도 99.9%를 만들었다고는 도무지 믿기지 않는다. 그렇다면 혹시 우주를 떠돌던 어느 외계인이 이 땅에 잠시 내려와 '에헴! 이 땅은 내꺼야'하며 자리표시를 하려고 뚝딱! 박아놓고 간 건 아닐까?

그런 저런 신비스러움 때문인지 이 철주에 등을 대고 양팔을 뒤로 젖혀 쇠기둥 뒤쪽에서 손가락 끝을 깍지 낄 수 있는 사람에게는 큰 행운이 찾아온다며 너도나도 야단들이다.

'행운이라?'

행운이 찾아온다는데 무엇을 주저하랴.

KOREA의 명예를 걸고 즉시 도전해 봤지만 등 너머의 손끝이 쉽게 닿지 않는다. 국적을 초월한 응원을 받으며 한참을 끙끙댔는데도 아슬아슬하기만 하다.

겨우겨우 손가락을 당겨 성공을 거두고 나니 둘러있던 각국의 여행자들이 일제히 환호성을 올리며 박수로 축하해준다.

어줍잖게도 그 순간은 올림픽경기에서 금메달을 딴 것 같은 착각이었다고나 할까.

승자라도 된 양 기분이 좋아 어깨가 으쓱해진다.

괜히 우쭐하여 돌아 나오는데 아이들 서넛이 손을 내민다.

이 녀석들의 눈치도 가히 인터내셔널급에 오른것일까.

빈손이 무엇을 뜻하는지 그 정도는 만국공통이 아닌가.

그래좋다.

이럴 땐 박시시도 즐겁다.

따르릉……여보세요?

전화국

국제전화 신청서를 작성 창구에 제출하고 통화예상 시간만큼 요금을 선불하면 직원이 직접 다이얼을 돌려 상대방까지 불러준다. (요금이 비싼 게 흠.)

S.T.D

Standard Trunk Dialing 즉, 사설 전화국이 많이 있어 가장 편리하게 이용할 수 있다. 전화국처럼 서류를 작성할 일도 없고 공휴일이나 밤에도 문을 열고 있다.

통화가 끝나면 통화량과 통화료를 프린터기로 뽑아준다.

이용료는 각 주(州)와 각 주인마다 조금씩 틀릴 수 있으니 사용전에 1초당 1Rs인지 3Rs인지 물어보는 게 현명하다.

000 - 8217을 누르면 한국인 교환원이 나온다.

편지

우체국 앞은 편지지와 봉투를 팔기도 하고 소포를 포장해 주기도 하여 조금 소란스럽기는 하나 편리하다.

우표를 붙이고 소인을 찍는 것까지 확인하면 더욱 좋다.

우체통의 크기와 색깔이 우리나라 옛날 것을 쏙 빼닮고 있어

오 - 신이여!

우리나라 서울에 외곽 순환도로가 있듯이 델리에는 환상도로(Ring Road)가 있어 시민들에게 편리를 주고 있다.

링 로드 따라 동쪽 야무나 강가로 나가면 이국의 정취가 물씬 풍기는 꽤 넓은 정원을 만난다.

그중 샨티바나라고 이름 붙여진 평화의 숲은 네루(Nehru) 가(家)의 대대로 내려오는 화장터다.

1964년 이 나라의 초대 총리였던 '자와할랄 네루'가 처음으로 화장의식을 치룬이후 1980년에는 그의 작은손자 '산자이 간디'가 1984년에는 그의 딸 '인디라 간디'여사가 그리고 큰손자 '라지브 간디'까지 가족이 모두 이 정원에서 차례차례 화장되었다.

거기서 더 남쪽으로 조금 내려오면 이 나라의 국부 '마하트마 간디'가 1948년에 한줌의 재로 생을 마지막 접었던 화장터 '라즈 가트'가 나온다.

많은 사람들이 간디의 무덤이라며 찾아오고있는 곳이지만, 사실은 무덤이 아니라 화장터에 불과한 곳이다.

힌두교의 장례의식에는 죽은 이를 위해 매장하고 무덤을 만들지 않기 때문이다.

비폭력의 성자 간디는 1948년 1월 30일 오후의 기도를 위해 거처를 나섰다가 뿌나에서 올라온 같은 동족 힌두교 극우파의 저격으로

생을 마쳤다.

다음날 세계의 언론들이 온통 난리법석인 가운데 지구촌의 억압받던 사람들과 인도 국민들 애도 속에 그의 유해가 이 자리에서 화장되었던 것이다.

주변은 넓은 공원에 잔디가 잘 가꿔져 있었고 듬성듬성 나무들만 몇 그루 있을 뿐 아무런 장식 없이 한가운데 검은 대리석 아홉 덩이가 한데 모아져 네모 반듯하게 놓여 있다.

멀리서 보면 마치 어떤 큰 건물을 세우기 위해 놓아둔 주춧돌 같기만 하다.

기념비조차 없는 검은 대리석엔 주인공이 남긴 마지막의 절규 "He Ram! (오 - 신이여!)"그 한마디 뿐!

무언의 항변일까. 여백의 미(美)라고나 할까.

그가 조국에 몸바쳐 살다간 숱한 사연들이 차고 넘쳐도 한참이나 더 많고 또 많으련만 그곳엔 아무런 표시도 장식도 설명도 없다.

"오 - 신이여 !"그 한마디가 힌두 문자로 간결히 새겨져 있음에 보는이의 마음을 더욱 뭉클하게 한다.

아무런 장식도 없는 이 기념물은 마치 이 탄탄한 반석 위에 '미래의 우리 조국 통일된 인도'를 꼭 세우자고 그의 영혼이 웅변하고 있는 것만 같다.

자국인은 말할 것도 없거니와 세계 곳곳에서 찾아온 많은 사람들이 신발을 벗고 줄줄이 돌며 경건히 예를 갖춘다.

바닥의 돌들이 햇빛에 닳아 너무 뜨거운 탓에 순례자를 위해 마포를 깔아놓고 물까지 뿌려준다.

그렇게 해서라도 배려를 아니한다면 4계절 양말을 신고 살아온 우리 처지엔 맨발이 데었을런지도 모를 지독한 더위다.

정면 뒤쪽 화로에는 꺼지지 않는 영원의 불꽃만이 말없는 주인을 대신하고 있다.

간디의 무덤이라며 찾아오고 있는 그의 화장터와 영원히 꺼지지 않는 불꽃.

눈요기 꺼리는 아무 것도 없었으나 마음속에서만은 너무도 성스러운 곳이라는 생각에 얼른 발걸음이 돌아서지 않는다.

'생명을 가진 모든 것을 평등시 하려면 우선 자기 자신부터 정화가 선행되어야 한다. 스스로의 혼이 정결치 못한 자는 진리를 실현할 수 없다'고 늘 강조했던 생전의 선생을 추모하면서 기왕이면 조금 더 머물고 싶어 한쪽 나무 그늘에 앉아본다.

그의 자서전엔 이런 글귀도 있었다.

'진리는 굳었을 땐 다이아몬드 같지만 부드러울 때는 꽃잎과도 같은 것'이라고…….

마하트마 간디

위대한 영혼이라는 뜻의 마하트마(Mahatma) 간디(Gandhi) 그는 누구인가.

이 나라의 아버지로 추앙되고 있는 '모한다스. K. 간디'는 1869년 10월 구자라트의 서부지역에서 태어났다.

그의 부친은 200여 개가 난립하고 있던 영국치하 지방왕조의 장관을 지낸 관료였고 모친은 독실한 힌두교인 이었다고 한다.

본래 섬세하고 소심한 성품이었으나 거짓을 모르는 진솔한 아이로 성장한 간디가 영국으로 유학을 떠난 것은 1888년의 일로 그는 이미 카스투루바와 결혼생활 중이었다.

전통적인 힌두사회와 너무나 거리가 먼 서구사회에서 그의 생활태도가 서구화 된다는 건 불가능이었다.

오히려 조국의 힌두교에 더 깊이 천착하게 되었고 채식주의나 자연치유법 등에 더 깊은 애정을 갖게된다.

그는 1891년 변호사가 되어 그리던 고국으로 금의환향 하지만 기대하던 꿈의 날개는 펴보지도 못하고 숱한 좌절 끝에 영국의 또 다른 식민지이며 인도인들이 많이 거주하고 있던 남아프리카로 건너간 건 1893년의 일이다.

오직 하나 인도 사람이라는 이유만으로 거기서 겪은 1등칸 열차에서 추방당한 이야기는 두고두고 회자되는 간디의 에피소드 중 제1

호다.

쓰디쓴 경험을 통해 인종 차별의 추악한 실상과 자신의 미약한 처지를 통감하면서 민족자결과 조국의 독립이라는 씨앗이 잉태됐고 마침내 금욕(禁慾)의 수행자적인 길을 걸으며 공익(公益)만을 위해 투쟁하되 비폭력(Ahimsa)을 선택하기에 이른다.

어려서부터 몸에 밴 힌두철학을 바탕으로 하여 비폭력주의를 그의 정치적 이념으로 공식 표방한 것은 1906년의 일이었고, 그 이념을 실천하기 위한 방법으로 채택한 단식투쟁이 처음 실시된 것은 1913년의 일이다.

이 같은 이념과 투쟁방법을 근간으로 벌인 남아프리카에서의 활동은 전후 6차례나 투옥을 겪는다.

봄베이를 통하여 다시 조국의 품으로 돌아온 1915년 그의 위치는 이미 격동하는 인도 대륙에 거목으로 우뚝 서있었다.

귀국 다음 해인 1916년, 간디는 자신이 이상으로 삼아온 진리추구의 삶 '샤타그라하'를 위한 수련장 아쉬람(Ashram)을 설립하여 사회개혁자로서 또는 정치지도자로 활동에 불을 당긴다.

이때 그가 가장 고심했던 것은 독립을 위한 인도인의 투쟁이 결코 과격하지 않고 비폭력의 원칙에서 벗어나지 말아야 했던 점과 또 하나는 회교와 힌두교의 갈등으로 인하여 나라의 힘이 둘로 갈라지지 않도록 끊임 없이 주의를 환기시켜야 했던 점이라고 그는 술회했었다.

그럴 때마다 감옥에서조차 그가 행했던 성공적인 대중운동은 물레를 돌려 옷감을 손수 짜는 일과 소금행진이었다.

비폭력과 비협력에 근거한 위의 국민운동은 온 국민의 전폭적인 지지를 얻어 물욕으로 얼룩진 영국의 식민지 정책을 무력하게 만들었던 것이다.

제2차 세계대전의 종식과 함께 조국 인도에도 독립의 서광이 비

마하트마 간디 상(像)

쳤건만 종교적 아집으로 힌두교와 회교의 분리 독립 안을 하나로 통합하지 못하고 평생의 염원을 저버린채 끝내 파키스탄이라는 회교국이 떨어져 나가는 상처투성이의 인도 독립을 맞고 만다.

남의 일 같지 않은 서글픈 과거사다.

네루 가(家)

1947년 인도 독립 후, 자와할랄 네루 초대 수상은 1964년까지 16년이 넘도록 장기 집권했다.

그가 죽은 후 뒤를이은 그의 딸 인디라 간디는 1966~1977년과 1980~1984년에 걸쳐 두 번이나 수상을 역임했고 그의 아들 그러니까 네루의 외손자 라지브 간디는 어머니가 암살된 1984년에 40대 불혹의 젊은 나이로 정계에 입문하여 5년간이나 총리를 지냈다.

자와할랄 네루는 인도 북부 카슈미르 지방 부라만 계급의 국민회의 지도자였던 변호사 모띨랄 네루의 아들로 태어나 매우 유복한 유년기를 귀공자로 성장한 후 영국의 캠브리지 대학에서 유학했고 마하트마 간디처럼 변호사에 합격한 다음 고국으로 돌아와 아버지 슬하에서 조국의 독립운동에 투신하게 된다.

그런 와중에서 무려 9년이나 투옥생활을 감내한 끝에 국민회의당 리더로써 독립 후 초대 총리로 등장, 세계의 이목을 받기에 이른다.

후세가들의 평이지만 그는 소문난 로맨티스트였고 낭만적 사회주의자였으며 보다 나은 사회와 모든 단체의 평화 공존을 위해 평생을 몸바쳤다고 전한다.

그를 일러 훌륭한 인도인인 동시에 제대로된 멋을 알고 실천하는 영국신사라고도 한다.

그의 외동딸 인디라 네루(미혼때는 당연히 아버지 성을 따름)는

1917년생이므로 만약 지금도 살아있다면 이제 겨우 8순을 넘긴 할머니일 정도다.

감옥을 자주 들락거린 아버지의 옥바라지를 도맡으며 어려서부터 독립사상이 몸에 배인 그녀는 영국 옥스퍼드에 유학 중 페로즈 간디를 만나 부부가 되었지만 아버지는 사윗감을 못내 탐탁치 않게 여겼다고 한다.

아버지를 위해 퍼스트 레이디로 까지 활약했던 딸 인디라 간디(결혼후 남편 성을 따름)는 아버지 서거 2년 후 선거를 치르고 당당하게 권좌에 올랐으니 1966년의 총리 취임이 그것이다.

그녀는 40대에 사별한 부부슬하에 2남을 두었으니 그들 또한 나중에 총리에 오른 큰아들 라지브 간디와 작은아들 산자이 간디다.

큰아들 라지브가 영국유학 중 맞아들인 부인은 이탈리아 태생인 소냐였고 그들은 정치엔 별 관심 없이 파일럿(pilot)이 되어 평범한 가정의 길을 걷고 있었다.

둘째아들 산자이 간디는 힌두교가 아닌 시크교 신자였던 마네카를 아내로 맞아 결혼함으로써 후에 종파간의 분쟁에 휘말리는 비극을 잉태하고 만다.

욕심이 많았던 산자이는 총리였던 어머니 밑에서 정치에 입문하여 온갖 우여곡절 끝에 본인이 총리까지 오르기는 하였으나 기쁨도 잠깐, 뉴델리 교외에서 비행 연습도중 불의의 사고로 생을 마친다.

어머니의 뻥 뚫린 가슴을 메우기 위해 대타로 불려온 큰아들 라지브가 정치판에 뛰어들면서 청상 과부가 된 산자이의 아내 마네카와 불협화음이 벌어졌고 젊은 그녀는 결국 시어머니인 간디와 훗날 정적관계로까지 맞서게된다.

한때나마 역사의 주인공이었던 그들은 대부분이 세상을 떠났으나 최근엔 큰며느리 소냐 간디 여사가 이끌고 있는 국민회의당이 집권할 경우 차기 총리에 오를지도 모른다고 국내외 매스컴들은 벌써부터 야단이다.

현재 집권여당인 B. J. P(인민당)의 경제정책 실패가 양파값 폭등으로 이어지면서 민심의 한 표가 흔들리고 있는게 아닌가 신문들은 논평하고 있다.

올해로 52주년이 되는 인도연방정부의 현대사는 어쨌거나 자와할랄 네루 가(家)의 역사와 궤를 같이 하고 있음은 엄연한 사실이다.

우연의 일치였는지는 모르겠으나 네루 가는 각기 서로 다른 언어, 종교, 국가, 인종, 정치이념, 생활방식을 가진 사람들이 고루 포함되고있는 데다 마치 어느 작가가 시나리오를 써놓은 듯 힌두교, 시크교, 천주교 등 종교와 힌디어, 영어, 이탈리아어, 펀잡어까지 쓰고있는 다양한 사람들이 서로 만나 일가를 이루어왔다.

오늘의 인도사회를 보면서 참으로 다양하다고 느껴졌던 게 어떨땐 우연같기도 하고 또 어떨땐 필연 같기도 하다.

장하다 친구여

52년전인 1947년 8월 인도 독립후 이 나라는 줄곧 국제무대에서 비동맹운동을 주도해왔다.

우리와는 1962년에 겨우 남북한이 동시에 영사관계를 수립한데이어 1973년에야 비로소 대사급 외교관계가 성립되었으나 인도 정부가 남북한 등거리 외교정책을 견지함으로써 우리하고만 특별히 가까워질 수는 없었다.

그러던 중 1993년, 당시 라오총리의 서울 방문을 계기로 적극적인 외교를 표방함으로서 양국이 긴밀한 협조관계를 수립하게 된 건 참으로 다행스러운 일이었다.

최근 들어 이 나라가 21세기의 거대 경제권으로 떠오르면서 한국기업들이 대인도 진출에 러시를 이루고 있다.

삼성, L.G, 현대 , 대우, S.K, 쌍용 등 우리기업들의 이미지 간판을 시내 어디서나 쉽게 볼 수 있음은 얼마나 흐뭇하고 기쁜 일인가.

1990년 이전까지만 해도 석재가공 등 50만 달러 수준에 머물렀던 우리의 수출이 인도 정부가 개혁 개방정책을 펼친 이후 급속히 늘어나, 지금은 인허가 1백여건에 3억 달러의 수출실적을 넘고 있다니 매우 반갑고 기쁜일이며 바람직한 장족의 발전이 아닐 수 없다.

내용에 있어서도 초기의 동남아나 중국처럼 의류, 신발 등 경공업 분야에서 벗어나 이제는 전자, 화학, 이동통신, 자동차, 금융 등 대단위 중공업과 사회간접자본시설 투자중심으로 변하고 있다 한다.

삼성그룹의 삼성코닝이 1994년 바로 이곳 뉴델리에 부라운 관용 유리제조회사를 설립한데이어 한국통신은 무선호출 사업을 계속 확대해 나가고 있으며 삼성전자 또한 뉴 델리 근교에 연산 40만대 규모의 컬러 TV 공장을 준공 가동중이라고 한다.

오는 2천년까지는 생산 규모를 연간 60만대로 늘릴 계획이라니 어깨가 절로 으쓱해진다.

국내자동차 회사 중 제일 먼저 상륙한 대우는 인근 가지아바드 자동차 공장에서 연간 승용차 6만대, 상용차 1만대를 생산중이며 2천년까지의 목표는 20만대를 생산할거라는 기쁜 소식이다.

인도 남부 카르나타 주 뱅갈로르시의 L.G 소프트웨어 개발센타라든가 S.K 텔레콤의 정보통신을 주력으로 한 석유화학 부문에까지 놀라운 투자활동을 벌이고 있는 우리의 산업역군들에게 격려와 위로의 박수를 보내고 싶다.

이러한 우리 나라 대기업군의 인도진출 러시에 대해 체나이 지역 KOTRA에 근무중인 친구(종식이)는 “10억 가까운 이 나라의 인구 중 상당한 구매력을 갖춘 중산층이 2억5천만 명이나 된다”며 앞으로의 시장확대 전망에 희망이 매우 밝음을 은근히 자랑한다.

생산 인건비는 중국보다도 오히려 낮은 편이지만 핵, 위성, 소프트웨어 등 첨단과학 기술력은 놀랍게도 세계적인 수준에 도달해 있다는 얘기다.

그렇다면 이 나라가 이토록 가난하게 살아갈 이유가 무엇이냐고 심드렁하게 물었더니 그 문제는 너무나 복잡 다단한 정치, 경제, 종교, 사회, 이념의 요인들이 난마처럼 얽혀있어 자기도 지금 계속 연구중이라고 한다.

변명인지 회피인지 그것이 알고싶다며 농담을 심하게 했더니 그는 그러나 “인도 시장은 투자 매력이 좋은 반면, 첫째 종교적 계층

갈등, 둘째 사회간접시설미비, 셋째 잦은 파업 등 투자위험요소도 적지 않다"고 직업적인 이야기만 늘어놓는다.

하지만 '구더기 무서워 장 못 담가서야 되겠느냐?'며 우리기업의 대인도 진출 전략에 이같은 위험 요인들을 충분히 알고 검토한 뒤 서두르지 말고 차근차근 계획적인 투자를 한다면 21세기에는 중국이나 기타 동남아 지역보다 훨씬 나을 거라고 자신 만만해 한다.

인디아의 유구한 역사 속에 한동안 빠져들었던 여행길이 수도 뉴델리에 와서 잠시 현대를 호흡하고 있으니 어리둥절한 게 한둘이 아니다.

하지만 현기증이 나도 좋고, 헷갈려도 좋다.

대한민국 IMF 경제회복을 위해 튼튼하게만 뻗어준다면…….

최일선 무역역군으로 뛰고있는 친구여!

그대 이름 '자랑스런 애국자'임에 자부와 긍지를 갖는다.

장한 내 친구여!

그대 앞에 무궁한 영광을!

8

아그라

마투라 가는 길

뉴델리를 떠나 마투라 경유 아그라까지 가야 할 오늘 일정은 203km의 비교적 여유있는 길이다. 야무나 강을 따라가고 있으니 제법 낭만적인 볼거리들이 있지 않을까 기대되는 곳이기도 하다.

더구나 경유해야 할 마투라는 전설적인 사랑과 정열의 신 크리슈나의 고향땅이 아닌가. 아기 크리슈나의 기저귀를 빨래했다는 포타라 쿤드 저수지가 잔부미에서 2백미터밖에 안되는 가까운 곳이라니 그곳도 가보고 싶다.

그런 저런 희망을 싣고 제법 잘 달리던 버스가 갑자기 몰아닥친 무지막지한 빗줄기 앞에 맥을 추지 못한다.

한쪽만 겨우 왔다갔다 하고 있는 윈드 브러시가 그나마 힘에 겨워 끽끽거릴 때는 엉금엉금 기다시피 속력을 떨구고는 붕붕거리며 힘들어 한다.

인도의 여름 날씨를 예상한다는 건 애시당초 무리였을까.

나폴레옹의 표현대로 '개구리가 뛰는 방향처럼, 여자의 마음처럼' 언제 어떻게 변할지 정말 모를 일인가보다.

몬순의 굵은 빗줄기가 대지를 마구 두드리며 녹색의 평야를 휩쓸고 지나간다.

사방에서 번쩍이는 번개와 벼락소리는 어디서 어디로 때리는 것인지 동서남북조차 분간이 안된다.

에어컨이 있을리 없는 버스에 그나마 창문까지 닫고 달리는 차속은 땀이 비오듯 흐른다.

델리를 떠난지 두 시간, 하늘에 구멍이라도 난듯 무지막지하게 쏟아지던 비도 염치가 있었던지 서서히 갠다.

빗속에 사람들의 열기와 습기로 괴로웠던 버스는 그제야 겨우 차창을 열어놓을 수 있어 숨통이 트이기 시작한다.

라자스탄을 지나오면서 그렇게도 지겹고 뜨거웠던 햇살이 지금은 이렇게 반가울 수가 없다. 참으로 얄미운 인간의 얄팍한 심사다.

구석자리의 힌두 여자는 아까부터 아기 걱정에 자꾸 강보를 떠들어 보며 애타하고 있다.

까무잡잡하고 머리카락도 얼마되지 않는 작은아이가 색색거리며 고른 숨을 쉬고 있다.

10억의 인구 속에 던져진 또 하나의 생명.

아기 엄마의 행색으로 보아 힘든 계급인 것 같은데 그러나 탄생만으로도 축복 받아야 할 귀한 생명이 아닌가.

크리슈나의 고향 마투라를 찾아가는 길이 이리도 힘겨울까.

또 다시 겁이 날 정도로 엄청난 장대비가 한바탕 퍼붓는다.

그런 중에도 가끔이나마 해가 얼굴을 내밀어 주고 있는 것으로 보아 크리슈나는 먼길 찾아온 나그네에게 자신의 신화라도 속삭여 주려나 보다.

히말라야의 바드리나트가 비슈누의 땅이라면 강고트리는 시바의 땅이고, 이곳 마투라는 크리슈나의 땅이라고 했다.

비 때문에 운전 기사와 조수가 고생이 심하다.

겨우 비가 그치고 시야가 좋아지자 차창 밖으로 끝없이 펼쳐진 북인도의 지평선이 아스라하다.

오랜만에 푸르고 싱그런 평야지대를 만나본다.

먹을 것이 궁했던 옛날 이 넓은 곡창지대를 차지하기 위해 피비

물난리가 얼마나 심했는지 철길로 출퇴근하고 있다는 대서특필 신문기사의 사진

린내 나는 전쟁들이 여러 번 휩쓸고 지나간 곳이다.

3천 5백년전 여기서 태어난 용맹스럽고 사랑스러운 크리슈나는 이곳을 중심으로 세력을 넓히고 성전을 베푼 신화로 말하고 있다.

그의 생일을 축하하는 '잔마쉬타미 축제'는 9월에 열리고 색 가루나 물감을 서로에게 마구뿌리며 뒤집어쓰는 봄맞이 '홀리(Holi) 축제'는 3월에 전국적으로 행해지는 이름난 페스티발이다.

바로 이곳 마투라가 그 근원지라는데 이유는 크리슈나의 고향이기 때문이란다.

크리슈나의 고향

크리슈나는 인도의 많은 신 가운데 가장 대중적인 신이다.

보수적인 힌두도 서구화된 개방의 사람들도 함께 그를 숭배하고 있으니까.

영원한 미소년 크리슈나는 1만 6천명의 아내와 18만명의 자식을 두었다고 전한다.

아무리 믿거나 말거나한 얘기지만 이는 중국식 전설적 얘기보다 한 수위인 것 같다.

그러나 어쩌랴 그는 신(神)이었기에 그럴 수도 있었겠지…….

크리슈나는 수천 수만의 처녀를 유혹했지만 결국은 연상의 유부녀 '라다'에게 빠지고 만다.

세기의 바람둥이 카사노바 정도는 게임 상대조차 안 될 모양이다.

그가 부는 풀룻의 선율에 따라 여인들은 최면에 걸린 듯 앞 뒤 가릴 것 없이 끌려왔다니 본능적인 쾌락을 추구한 개구쟁이 소년 크리슈나 앞에서 숭배자들은 정숙한 행동대신 '나 그대에게 모두 바치리'를 노래하며 기꺼이 자신을 포기했음이 참으로 기가 막힌 일이다.

16세기에 실존했던 라지푸트의 공주 '미라바이'는 크리슈나에 대한 흠모가 도에 지나친 나머지 남편을 떠나 한평생 크리슈나에 대한 시와 노래를 지으며 수절(?) 했다고도 전한다.

크리슈나와 라다의 사랑을 노골적으로 회화하고 있는 그림엽서.

전통 힌두교로부터 해방을 기도했던 크리슈나 종파는 기존사회의 엄격한 신분 질서를 뛰어넘어 낮은 계층의 사회 참여를 환영해 왔던 바, 그들로 하여금 정해진 축제일만이라도 마음껏 세상 밖으로 나와 카스트 신분 없이 자유분방하기를 원했고 그래서 생긴 게 홀리데이라는데 빨갛고 파랗고 노란 물감세례를 서로가 서로에게 뒤집어씌우고도 즐겁게 웃으며 거리를 활보하던 TV 화면의 모습들이 눈에 선하다.

"홀리"라고 외치며 격렬한 춤도 추고 아무에게나 물대포 세례를 퍼붓던 축제에서 가장 공격을 많이 받는쪽은 부라만들이고 반대로 공격을 가하는쪽은 신분이 낮은 빨래공, 청소부, 막노동자들이라고 한다.

어쩌면 평소 눈엣가시였던 사람들에게 합법적으로 앙갚음(?)을 해버리고 잊은 다음 차라리 개운하게 살도록 기회를 주었는지도 모를 일이다.

지혜롭게도 공격무기는 몽둥이나 흉기가 아닌 무지개색 물감과 시원한 물대포가 전부라니 다행이다.

축제는 홀리 며칠 전부터 지나가는 사람에게 물풍선을 던지며 서막이 오른다는데 이때 물벼락을 맞았다고 화를 낸다면 이는 외계에서온 E.T 정도일 뿐이라고……. 얌전한 골방 샌님이나 새침데기 처녀 아이들도 모처럼 문제아가 될 수 있다니 참으로 신날 법도 하긴 하다.

중세의 박티 사상은 신을 소유할 수도 있고 신에게 소유 당하기도 하는 에로틱한 사랑의 공유를 표방하고 있다.

해마다 봄을 맞으며 열리는 홀리축제가 바로 그런 것들을 한데 묶어 현실화시킨 건 아닌지.

왜냐하면 홀리는 엄격한 일상으로부터의 일탈임이 분명하니까.

사회안정을 위한 고도의 안전밸브(?) 역할도 되는 것 같고…….

무굴제국

1527년 티무르의 피가 섞인 바브르(Babru)가 델리지방의 술탄 로디(Rodi)를 무너뜨리고 자리잡은 것이 그후 2백 여년을 유지한 무굴(MOGHUL)제국의 시작이다.

그러나 그는 겨우 3년 후 세상을 떠났고 1530년 아들 하마윤(Hamayun)이 왕위를 계승, 숱한 일화를 남겼지만 이 세상에 무한 한 것은 아무 것도 존재할 수 없는 법, 그 역시 26년간의 치세를 남기고 사망한다.

1556년 14세의 어린 나이로 악바르(Akbar)가 하마윤 부왕의 뒤를 이어 제위에 오른다.

그는 무굴제국에 가장 강력하게 대항하고 있던 라자스탄 지역의 라지푸트들과 혼인을 통한 동맹관계를 맺음으로써 싸움을 줄이며 영토를 넓혔던 큰 인물이다.

늘 종교분쟁으로 골치 아팠던 힌두교와의 갈등 또한 종파를 초월하여 능력 있는 인재를 문무에 고루 등용시켜 나라를 다스린 덕분에 위대하다는 의미의 '악바르'라는 칭호를 얻었다.

그는 이름 그대로 역대 무굴제국의 황제 중 여느 이슬람교도답지 않게 다른 종교에 대한 관대함과 호기심으로 여러 황제 중 가장 위대한 지배자로 기록되고 있다.

마치 몽골의 테무진이 큰 정치, 용감한 전투, 넓은 포용력을 보여

'징기스칸'으로 거듭남으로써 한때나마 유라시아를 통틀었던 역사를 창조했음과 일맥상통하고 있음을 엿보게 해준다.

그런 그도 아그라 포트를 남기고 1605년에 사망했으니 겨우 환갑 나이를 살고 간 셈이다.

악바르 부왕과의 갈등 속에서 어렵고 위험한 고비를 넘기며 대를 이어 제위에 오른 이는 제항기르(Jehangir)왕이다.

그는 유별나게도 카시미르 지역에 애착을 갖고 그쪽 영토확장에 주력했던 나머지 지금도 그곳에 가면 제항기르식 정원들이 많이 남아있다고 한다.

또다시 카시미르로 향하던 제항기르는 결국 먼길을 가던 도중에 풍류객으로 세상을 떠나고 만다.

부전자전이라고나 할까.

대를 이어 혼미를 거듭한 끝에 어렵사리 왕위에 오른 이가 바로 저 유명한 샤 - 자한(Shah Jahan)이다.

그는 일찌기 건축광으로 역사에 기록될 만큼 대단함을 보였는데 델리에서 잠시 둘러보았던 붉은성 레드 포트도 바로 그가 남긴 걸작품이다.

당시의 수도였던 아그라를 떠나 델리로 천도를 꿈꾸며 둘레 2.5km의 붉은성에 18.5m 높이의 전망대를 갖춘 새로운 성 레드 포트까지 만들어 놓았으나 그 자신은 결국 사용해 보지도 못하고 아들에게 빼앗긴 이야기는 너무도 유명하다.

뿐만 아니라, 챤드니 촉 구역의 회교사원 자미마스지드는 2만여 명이 동시에 고개를 조아리며 알라신께 예배드릴 수 있는 대사원으로 인도 내에서는 제일 큰 규모를 자랑하고 있다.

그리고 죽은 왕비를 위해 아니 세상을 떠난 사랑하는 아내를 위해 그녀의 무덤으로 바쳐진 타지마할을 손수지어 남긴 건축광 샤 - 자한은 무굴제국의 영화를 가장 아낌없이 향유한 왕이다.

무굴제국의 제왕들이 말 달렸을 평원이 풀을 뜯는 양떼들로 한가롭다.

그러나 역사의 아이러니는 어디서나 예외가 없는 법일까.

자신의 뒤를 이은 아들에 의해 아그라 포트에서 8년간이나 갇혀 살다가 영영 불귀의 객이 되었으니 재위 39년 만인 1666년의 일이다.

그는 세기의 불가사의 타지마할을 지어 남긴 것으로 유명하지만 영국의 동인도회사(East India Company) 무역사무소를 이 땅에 처음으로 허가 해준 장본인이다.

부왕을 8년씩이나 가두었을 뿐 아니라 윗 형들을 모두 죽여 없앤 과정을 거치며 다음 왕위에 오른 이는 샤-자한의 아들 아우랑제브(Aurangzeb)로 부왕 사망 8년 전인 1658년에 왕위에 올라 25년을 통치하는 동안 싸움과 분쟁이 그칠 날이 없었다는데 증조 할아버지였던 악바르 선왕과 너무나 대조를 이루고 있음이 흥미롭다.

그들의 삶이 면면이 이어지고 있는 곳, 무굴제국의 역사가 켜켜이 절어있는 땅 아그라(Agra).

이제 한 시간후면 거기 닿을 거라고 한다.

언제나 그랬듯이 신천지에 드는 가슴이 콩콩 설렌다.

샤 - 자한의 감옥

아그라는 델리로부터 203km, 자이푸르까지는 232km로 대충 3각 지점에 놓였다 하여 골든 트라이앵글이라 불리는 마지막 지점이다.

기차로 3시간, 버스로 5시간정도의 한나절 길이였으나 크리슈나의 고향 마투라를 그냥 지나칠 수 없어 여기저기 조금씩 기웃거렸더니 어느새 장장하일의 여름해가 서녘으로 기운다.

지도상으로 파랗게 칠해진 부분답게 광활한 대지 위에 고즈넉이 자리잡은 아그라 시내는 길이 넓은데다 가로수까지 어우러져 옛도읍지의 운치를 더해준다.

16~17세기에 걸쳐 델리와 함께 무굴제국의 수도였던 탓인지 회교문화권의 티가 시내 곳곳에서 풍긴다. 웬지 신라 천년의 고도 경주를 찾는 것 같은 기분이 자꾸든다.

야무나 강을 끼고 도는 언덕 위의 아그라성(城)은 무굴왕조 3대인 악바르왕이 1566년에 축조한 것으로 성을 쌓을 당시의 24세 젊은 황제는 이 성을 철옹성으로 만들기 위해 최고 높이 50m에 이르는 성벽을 머리카락 한 올도 낄 수 없도록 2,5km나 쌓았으면서도 그것도 모자라 성곽밖에 평균 10m 넓이의 도랑(垓字)를 파놓고 강물을 끌어들여 악어까지 키웠다고 한다.

그리고 성의 출입문은 남쪽에 아마르 싱 게이트 하나만을 두었으니 얼마나 야무진 철옹성인가를 짐작케 하고 있다.

성 안을 하나의 축소판 신도시와 같이 변모시킨 주인공은 다름 아닌 인류 역사상 손꼽히는 건축광 샤 - 자한이었다.

그가 세운 진주 사원과 알현실은 너무나 유명한 곳으로 특히 2개의 접견실로 구분된 일반인용 '디와 - 니 - 암'과 귀빈용 '디와 - 니 - 카스'에 얽힌 사연이 흥미를 돋운다.

일명 공작좌(Peacock Throne)라 이름한 카스의 왕좌 하나는 지금 이란의 수도 테헤란에 가 있다는데 세월 무상이라고나 할까.

미로처럼 빼곡빼곡 이어진 곳에는 4대 황제 제항기르가 특히 예술 애호가적인 기질을 발휘해 회벽에 섬세한 화조를 장식해 놓았으니 발길 닿는 곳마다 맞닥뜨리는 무굴 세밀화는 그의 화려했던 치세를 실감케 하고도 남는다.

상감으로 장식된 내부 꽃 장식과 기하학적 석조물들은 아무래도 힌두문화와 어딘지 섞여진 듯 조화를 이루고 있어 전문가의 설명이 아니면 헷갈리기 십상이다.

5대 황제 샤 - 자한이 아들에 의해 8년간이나 감금되어 지내다가 끝내 그 안에서 숨을 거두고 말았다는 흰 대리석 궁은 그런 사연을 익히 알고 들어갔던 선입견 때문인지 왕궁답지 않게 왠지 황당그레한 공간으로 다가온다.

부인의 죽음을 기리기 위하여 타지마할과 같은 호화분묘를 조성하였을 뿐만 아니라 수도를 델리로 옮기려고 레드 포트와 같은 엄청난 공사를 계속하여 국가 재정을 휘청거리게 만든 샤-자한은 그 실정(失政)으로 막내아들에 의해 1658년 왕위를 박탈당하고 이곳에 갇히는 신세가 됐었다.

베란다에 올라서니 밑으로 야무나 강의 흙탕물이 도도히 흐르고 멀리 맞은편 강가엔 더욱 하얀빛이 돋보이는 타지마할이 빤히 내려다 보인다.

생전 자기 손으로 직접 건축한 죽은 아내의 무덤 타지마할을 지

강건너 타지마할이 빤히 보이는데도 8년 동안이나
살면서 끝내 가지 못했던 샤 - 자한의 방(감옥)

척에 두고도 거기 한 번 발걸음을 못하고 세월을 보내다가 감금된 지 8년째 되는 1666년에야 시신으로 돌아가 영원한 유택 뭄타즈 옆에 나란히 묻혔으니 그 사랑처럼 유유한 강물은 오늘도 소리 없이 우리곁을 흐른다.

보기에 따라 아니면 기분에 따라서일까.

까마득하게도 보였다가 바로 지척인 것 같이도 보이는 그곳은 여기서 겨우 2킬로미터.

슬슬 걸어 볼만도 한 이웃이다.

살아생전 샤 - 자한이 그토록 가보고 싶어했던 타지마할이 아니었던가…….

타지마할

성을 나와 타지마할로 가는 길은 비온 뒤의 청명한 날씨만큼이나 깨끗하게 잘 정돈돼있다.

거리마다 달아놓은 'CLEEN AGRA(아그라를 깨끗이)'라는 팻말이 말해주듯 지저분한 인도라는 평균 이미지를 씻기 위한 정부당국의 의지가 곳곳에 대단하다.

살아생전 아니 젊고 힘있을 때 샤-자한이 많은 시종들을 이끌고 사랑하는 아내의 묘소를 짓기 위해 자주 내왕했을 바로 그 길을 따라 모처럼 음풍농월 걸어보는 맛이 여간 즐겁지 않다.

"여봐라-물렀거라"

"이리 오너라! 게 아무도 없느냐?"그런 기분으로 말이다.

동·서와 남쪽에 타지마할로 들어가기 위한 1차 정문이 있고 그 안으로 들어서면 기념품점과 가게들이 가득한 마당이 있어 그곳을 지나야 안으로 입장하게 되는 붉은 문을 만난다.

만약 붉은 문이 타지마할에 딸려있지 않고 다른 장소에 독립적으로 있었더라면 그 자체만으로도 아주 훌륭한 건축물이 되고도 남음직한 썩 괜찮은 문을 옆으로 들어서니 아, 그 앞에 타지마할이 있었다.

조금 전에 지나온 아그라성이 무생물체 같은 느낌이었다면 타지마할은 살아 숨쉬는 듯 생명체처럼 다가온다.

설명이 필요없는 타지마할, 그래도 묻고 또 물어보고 싶은 타지마할!

1631년부터 터를 닦고 22년 동안 2만 명씩이 동원된 대역사의 산물이라니 오늘날의 공사규모로 비교해 보아도 상상을 초월한 어마어마한 계수가 아닐 수 없다.

사진이나 TV를 통해 타지마할에 익숙하지 않은자 어디 있으며 숱한 사람들의 말과 글을 통해서도 모른다할 사람이 어디 있으랴만 그러나 이 순간 첫만남의 감회가 이토록 놀랍고 싱그러울 줄이야.

타지마할은 샤-자한이 17년의 결혼생활동안 14명의 아이를 낳고 15번째 아이를 낳으려다 1629년에 세상을 떠난 왕비 뭄타즈 마할을 추모하기 위한 묘당이다.

정면에 분수와 수로(水路)를 둔 전형적인 무굴양식의 정원이 참으로 아름답다. 좌우엔 회교사원과 회당도 배치하고 있다.

수조와 나란히 높이 6m의 기단 위에 축조된 양파모양의 둥근 지붕, 하얀 건축물은 말로만 듣던 꿈의 대리석 궁 그것이었다.

중앙에 우뚝한 본궁의 큰 돔은 사방에 또 다른 4개의 작은 돔을 거느리고 있으며 그 밖으로 네 귀퉁이에 높이 75m의 첨탑이 하늘을 찌르고 있다.

꼭 망루 같이 생긴 이 탑은 약 15도의 경사로 바깥을 향해 약간씩 기울어져 있다는데 이는 만약의 경우 지진이 났을 때를 대비하여 무너지더라도 안쪽으로는 쓰러지지 말라는 사전 예방조치(?)였다고 한다.

참으로 기가 막힌 것인지 슬기로운 것인지 아니면 원근법에서 착각을 일으키고 있는 것인지 아무튼 환상 속으로 자꾸 빨려드는 것 같다.

아치형의 장식으로 꾸며진 외벽은 갖가지 꽃무늬와 코란문자로 장식돼 있고 내부 또한 온통 꽃 문양으로 상감된 돌 조각들이 보석처럼 섬세하다.

이를 위해 루비는 미얀마에서, 비취는 중국에서, 진주는 다마스커스에서 구해왔고 장인들은 터키, 이탈리아, 프랑스 등 선진국에서 불러왔으며 돌을 운반한 코끼리만도 수천 마리가 동원됐다는데 그대로 믿고 싶을 뿐 이의가 없다.

"신은 영원하고 완전하여라"

주인공의 석관에 새겨진 비명이다.

인과 응보의 부메랑

타지마할은 사람이 살기 위한 저택도 아니고 황제가 살던 궁도 아니며 신을 모신 신전도 아니다.

오로지 사랑했던 아내의 죽음에 바쳐진 무덤에 지나지 않는다.

그럼에도 세계 7대 불가사의니 백색대리석의 진혼가니 하며 호들갑을 떠는 것은 하나의 위대한 건축물에 앞서 아내를 향한 한 사나이의 애틋하고 절절한 사랑 때문이 아닐까.

생전 열 댓명이나 아이를 둘만큼 그들의 사랑과 열정 그리고 부부금슬 만은 참으로 좋았던 모양이다.

샤-자한은 본시 셋째왕자로 태어났으니 애시당초 왕위를 계승할 군번(?)은 아니었다.

아버지 밑에서 지방태수로 데칸고원의 한쪽 변방을 지키고 있던 왕자 샤-자한은 뜻한바 있어 군사를 모아 그가 35세 되던 해에 낙타머리를 수도로 돌려 부왕을 폐위시키고 마침내 무굴제국의 다섯번째 왕위에 오른다.

그러나 싸움터에까지 동반하며 열렬히 사랑했던 왕비를 재위 4년만에 잃고 난 왕은 슬픔을 가누지 못하고 그녀가 죽은 이듬해부터 타지마할 공사에 착수한다.

멀리 페르시아에서 석공들을 불러오고 바다건너 이탈리아에서까지 흰 대리석을 구해왔다.

희대의 정열적 사나이였던가. 그의 욕망은 거기서 끝나지 않고 타지마할과 마주보는 야무나 강 건너편에 검은 대리석으로 똑같은 모양의 쌍둥이 타지마할을 지어 양쪽을 구름다리로 연결시켜 놓으려 했다고도 전한다.

이는 사후 자신의 유택으로 삼으려 했다는 이야기인데 믿거나 말거나한 얘기이니 알 수 없는 수수께끼다.

그의 아들 아우랑제부 또한 오랫동안 데칸의 전선에서 무굴왕조를 지키기 위해 싸우던 중 부왕이 지나치게 국고를 탕진, 국운이 날로 쇠락해지고 있음을 심히 걱정한 나머지 마침내 군사를 일으켜 아그라로 입성.

위의 형들을 모두 죽여 없애고 아버지 샤-자한을 아그라 포트에 감금한 후 스스로 왕위에 오른다.

부왕 샤-자한이 젊은날 자신의 아버지를 밀어내고 스스로 왕위에 올랐던 그 업보의 고리가 자식을 통해 다시 자기 몫으로 돌아온 것이다.

부자지간의 인과 응보가 부메랑이 된 셈이다.

동서고금 인간의 역사는 결국 쳇바퀴 돌 듯 끊임없이 도는 것일까.

그가 8년간이나 감금됐던 아그라 성이 이제는 반대편 쪽으로 선명히 그 모습을 드러내고 있다.

샤-자한의 아들 아우랑제부는 아버지를 위해 따로히 묘소를 만들지 않았다.

어머니 뭄타즈 곁에서 편히 잠들도록 배려한 덕분에 죽어서나마 부부가 동거할 수 있음은 다행한 일인 것 같다.

이토록 아름다운 건축물 안에서라면 부부 함께 영원히 잠들어 있을 만 하지않을까도 싶고…….

1층에 화려하게 안치된 대리석관은 도난을 방지하기 위한 이미테

하얀 대리석에 온갖 꽃무늬로 상감 장식된 호화극치의 샤-자한 석관무덤.

이션이고 지하에 따로히 간소한 석관 두 개가 나란히 있다.

살아서는 어마어마하게 국고를 탕진한 독재자가 지금은 5루피(Rs)짜리 관광 꺼리가 되어 가난한 이 나라의 재정을 위해 세계 만방에서 찾아오는 여행자들로부터 자나깨나 수입을 올려 애국하고 있다.

석양의 빨간 노을이 야무나 강을 넘어 묘실로 비쳐드니 조용하던 비둘기가 여러 마리 날아오른다.

관리인이 두 손을 모아 "아-알-라"하고 천장에 소리지르자 마치 영혼이 응답이라도 하듯 허공에서 세 번이나 메아리진다.

그는 벽에 플래쉬를 비추며 장식된 꽃문양을 보고 이건 쟈스민, 저건 아이리스, 요것은 백합이라며 하나하나 가르쳐준다.

꽃들조차 돌 속에서 살아 숨쉬며 선명히 떠오른다.

밖은 어느새 석양에 물들고 양파머리의 돔 지붕은 수조에 그림자를 드리운다.

지금도 이렇게 아름답거늘 달빛에 부서질 타지마할은 또 얼마나 더 신비로울까.

타지마할은 보기에 따라 추운날과, 더운날, 꽃이 피는 계절과 지는 계절, 맑은 날과 비오는 날, 햇살 쨍쨍한 날과 구름에 가려 음산한 날, 달이 있는 밤과 없는 밤, 그것도 보름 밤과 초승 밤이 서로 달리 보이며 보는 이의 마음이 기쁠 때와 슬플 때가 서로 다르고 성날 때와 병들었을 때에 와서보면 제 각각 그 느낌이 또 다르다는데 타지마할의 아름다움을 제대로 감상하려면 1년을 여기서 살아도 모자란단 말인가.

아서라 앓느니 죽고 말지…….

9

카쥬라호

잔시 행 긴급열차
챤드라 왕조
황금의 장소
서로 다른 미투나
벌거벗은 자이나교

잔시 행 긴급열차

빗소리 때문에 잠까지 설친 간 밤이다.

한번 쏟아졌다 하면 무지막지하게 내리는 인도의 비.

봄베이 코끼리섬에서 인도를 처음 만나던 날도 우린 그렇게 출발했었다.

인도대륙의 하절기 몬순을 각오는 하고 왔으나 이렇게까지 심할 줄은 정말 짐작 못했었다.

이럴 땐 '노아의 홍수'가 아닌가 슬슬 겁부터 날 지경이다.

아니나 다를까 굿 모닝 첫 뉴스가 간밤의 비로 도처에 도로가 끊겼다고 야단법석이다.

그렇다면 버스 운행이 불가능하다는 얘기가 아닌가.

옆방에서 함께 묵었던 일본학생 3명은 어느새 배낭들을 꾸리느라 야단법석이다.

"안녕? 야마모토 상. 새벽부터 무슨 일입니까?"

"카쥬라호 가는 길이 끊겼다는데 답답해서요"

"그렇담 지금 어디를 가려고……."

"우린 기차역으로 가볼 겁니다."

"기차편은 몇 시에 있는지……."

"좌우간 걱정되고 답답해서 먼저 나갑니다."

"오토 릭샤는 잡았습니까?"

"일찍인데 조금 걷지요……뭐……."

그렇게 그들이 휑하니 앞서 나간 다음 머뭇머뭇 서성일 수밖에 금방 어쩌겠다는 결론이 쉽지 않다. 2층 옥상으로 올라가 본다.

3층쯤 되는 다락방이 있어 그 위로 재차 오르니 맑게 갠 하늘이 비가 또 올 것 같지는 않다.

멀리 야무나 강이 흐르고 타지마할의 둥근 돔 지붕꼭지가 더욱 새하얀 모습으로 다가온다.

가자! 지금 꾸물거릴 때가 아니다.

세수, 양치, 아침을 모두 포기하고 잰걸음에 기차역으로 향했다. 대합실에서 다시 만난 야마모토 군의 귀뜸으로 이리뛰고 저리뛰며 우왕좌왕할 필요는 없었다.

오늘 가야할 카쥬라호까지는 1천리 길.

그러나 거기까지 맞닿는 철도편은 없는 길.

그래서 애지녁에 버스편이 한결 편했으련만 이젠 도리 없이 잔시(Jhansi)까지 일단 기차로 가보는 거다.

거기 가서 그 다음은 지금 알 수도 없거니와 알 필요도 없다.

그 다음은 오직 신(神)의 뜻일 뿐이다.

이들의 습속으로는 이럴 때 필요한 신도 꼭 있을법 한데 무식(?)이 탈이라 어느 신께 빌어야 할지 알 수가 없다.

인도라는 나라에 신의 존재가 인구수만큼 될 거라는 얘기를 이제야 조금씩 알아가고 있다.

버스길은 끊어지고 오직 한 가닥 움직일 수 있는 건 열차뿐이라서 그런지 사람으로 가득한 대합실에 더 많은 사람들이 꾸역꾸역 몰려든다.

플랫폼과 홈 사이를 잇는 구름다리가 하나 있건만 그곳으로 건너는 사람은 보이지 않고 철길을 가로질러 이고 진 사람들이 많이도 오고간다. 저러다 기차라도 들어오는 날이면 어쩌나 싶을 땐 괜히 내가슴만 콩콩 뛴다.

그렇게 느릿느릿하며 가슴 조이게 하던 사람들이 "빽 - 빽 - " 울린 기적소리 한방엔 모두들 날쌘돌이가 되어 홈으로 뛰어 오른다.

세상에 죽으란 법은 없는 법이라더니……

퀴퀴한 장마통에 온갖 오물 냄새, 소변 냄새, 찝찝한 사람 냄새 등 두통이 올 것만 같던 플랫폼을 벗어나 기차가 씽씽 달리니 숨이라도 쉴 것 같아 살만하다.

아그라 발 잔시 행 'Shatabdi Exp 2002호'는 하마터면 다음 일정이 엉망될뻔 했던 아슬아슬함을 가까스로 꿰메준 고마움을 싣고 구세주처럼 잘도 달린다.

푸른 초원이, 한가로운 농촌이, 산그림자 하나 없는 드넓은 들녘이 시원시원하다,

그러나 열차 안은 죄송하지만 사절, 오직 객차와 객차사이 이음새 공간에 쪼그리고 앉아 바깥바람과 호흡하고 싶을 뿐이다.

객실안으로 들어가면 가슴이 답답해 금방 숨이 넘어갈 것만 같아서다.

아그라 지역의 우타르 프라데시 주(U.P)를 벗어나 라자스탄 주를 통과하고 마디아 프라데시 주로 들어왔다가 다시 프라데시 주로 접어들면서 덥고, 역겹고, 목마르고, 배고팠던 잔시까지의 여정은 더 이상 기억하고 싶지 않은 고행길 8시간이다.

다만 계란 10개와 BISLERI물 한 병으로 버텨온 힘든 하루였지만 그러나 그 이후는 비가 더 이상 오지 않았기에 그것만으로도 오직 감사할 수밖에 없었던 외길!

꿈에도 잊지 못할 잔시역 플랫폼에 발을 내딛는 순간 또 다른 전쟁이 기다리고 있을 줄이야…….

승객의 짐 보따리 하나를 주인과는 아랑곳 할 것도 없이 서로 자기머리에 이겠다고 실랑이하는 포터들의 아우성에 앗뿔사 그냥 주

저앉고 말았다.

얼떨결에 이미 내 손을 떠나버린 나의 분신 나의 배낭!

부디 아무일 없이 무사하기만을 빌며 배낭 따라 나도 뛴다.

무엇을 타고 다닐까?

택시는 미터기(바깥에 달려있음)에 요금대신 거리가 표시되므로 km당 기본료를 모르면 비싼 수업료를 내야 한다. 에어컨 없이 창문을 열고 다니기 때문에 노상 먼지쓰는건 보통.

릭샤는 대표적 교통수단으로 자전거를 개조한 사이클릭샤, 오토바이를 이용한 오토릭샤, 사람이 끄는 인력거가 있다. 릭샤값 흥정의 기술이야말로 인도여행 노하우의 절반. 10루피를 10달러(3백 80루피)로 잘못 준 여행자들도 많다. 가고자하는 거리를 물어보고 사전에 값을 어림짐작해 보는 게 좋다.

시내 이동이라면 어디든지 10~30루피 정도면 가능하다.

기차는 최고의 장거리 교통수단. 하루 이틀씩 가는 기차안에서 이들의 다양한 삶의 모습을 엿볼수 있으니 꼭 한번은 타보자.

대도시에는 외국인전용 예약창구(Foreign Reservation)가 있다. 반드시 그곳을 이용하고 최소 하루전에 표를 끊어놓아야 한다.

돈 많은 사람은 1등칸, 중간층은 a/c(에어컨)클래스, 서민들은 2등칸으로 세분화돼 있고 값도 몇배씩 차이난다. 서민의 진면목을 보려면 2등칸을 타자. 재미있는 것은 짐을 의자다리에 쇠사슬로 묶어놓는데 여행자들도 따라하는게 좋다. 도난방지니까.

버스 타기는 우리와 같다. 차장이 돈 받는 것과 창문에 매달려도, 지붕으로 올라가도 괜찮은 것 말고는…….

찬드라 왕조

사람들은 왜 이렇게 외진 곳, 기차 길도 없어 고생 막급한 오지를 기어이 찾아오는 것일까.

거기가면 아그라하고는 전혀 다른 인도의 맛이 기가막히다고 소문나 있기 때문이다.

또 하나의 찬란한 문화를 꽃피워 놓은 찬드라 왕조는 결국 라자스탄의 라지푸트계였다.

먼 옛날 달님의 신이었던 찬드라(Chandra)가 지상의 한 과부 여인에 반하여 벙어리 냉가슴을 앓던 중 드디어 어느 여름날 밤을 틈타 이 세상에 내려와 그녀와 함께 운우의 정을 나누고 새벽닭이 울기 전 떠났다고 한다.

외간 남자가 떠나면서 남긴 한마디 "보시오! 낭자, 앞으로 태어날 사내아이는 큰 인물이 될 것이며 그 후손들은 임금이 되어 천하를 다스릴 것이요"했다는 게 아닌가.

그렇게 해서 태어난 아기가 찬드라 왕조의 창시자인 찬드라 뜨레이야(달의 아들)였고 무사 출신 왕조답게 그후 산치와 바라나시를 잇는 인도대륙 중북부의 영토를 장악하여 5백년 사직을 누리게 된다.

그들이 한 때나마 수도로 삼았던 카쥬라호에 A.D 950년 당대의 왕 아쇼바르마나로부터 1050년까지 1백년간에 걸쳐 무려 85개의 사원을 조성해 놓았다면 이는 분명코 찬드라의 염력이 컷음일께다.

황금의 장소 카쥬라호를 상징하고 있는 서쪽 사원 군(群)

지금은 비록 22개밖에 남아있지 않다지만 무엇 때문에 그들은 이처럼 후미지고 동떨어진 한촌에 수도를 정하고 '황금의 장소'란 의미의 카쥬라호라 이름하였을까.

더구나 25km나 먼 강가에서 캐낸 사암(砂岩)을 옮겨와 깎고 다듬어 수많은 탑을 세웠을까.

도대체 그 엄청난 인력(人力)의 수급이 어디서 조달됐는지는 지금도 알 길이 없는 수수께끼라고 한다.

그러나 이처럼 외진 한촌에 위치했음으로 11세기부터 중북부를 휩쓸며 우상파괴라는 명분 아래 아름다운 사원과 탑들을 사정없이 파괴했던 회교도들의 손에서 벗어날 수 있었음은 한편의 드라마틱한 새옹지마가 아닐 수 없다.

카쥬라호의 사원들은 그들 찬드라 왕조가 섬겼던 시바와 비슈누 신을 주로 모셔 놓은 곳으로 이곳을 우정 더욱 유명하게 만든 것은 신전을 둘러싸고 새겨져있는 빽빽한 조각들 때문이다.

당시 백성들의 일상과 병사와 연주자 등 실제로 존재한 것들을 생생하게 새겨 놓은 것도 일품이지만 그러나 세계의 사람들을 이곳까지 불러들이고 있는 것은 뭐니뭐니해도 남녀교합 상으로 유명한 미투나(Mithuna) 바로 그것이다.

상상을 초월하고 있는 모양과 자세로 남녀의 나체들이 얽히고 설켜있는 미투나 조각들을 과연 무슨 의도에서 성스러운 사원에 이처럼 당당하게 새겨 놓았는지 그 동기와 이유가 아직 명료하게 밝혀지지 않고 있어 더욱 궁금할 뿐이다.

이른 아침부터 놀란 가슴을 달래며 파김치가 된 채 기차 타고 버스 타고 여기까지 온 13시간.

현기증이 밀려오는 하루다.

천만다행히도 잔시에서 버스길이 열렸기에 망정이지 그 길마저 끊겼더라면 지금쯤 어디서 저 지는 해를 원망하고 있을까.

생각사로 끔찍스러운 일이다.

오늘의 원행도 문제였지만 이다음 가야할 바라나시까지는 또 어떤 복병(?)이 기다리고 있을지 벌써부터 가슴이 두근거린다.

순조롭게 차를 타도 17시간쯤이 소요될 거라고 했는데…….

아서라 오늘은 이제 그만 잊어버리자.

내일을 위해서라도 잠만은 편히 자둬야 할까보다.

처음으로 호텔에 여장을 푸니 제왕이라도 된 듯한 기분이 매우 좋다.

이름도 거창한 아쇼카 호텔이 좋긴 좋은 곳임을 새삼스레 실감해 본다.

중반 여독쯤 한번은 풀어야 할 때도 되긴 됐지만, 이곳이 어딘가 카쥬라호 아닌가.

황금의 장소

간밤엔 뜨거운 물로 샤워도 하고 마음놓고 푹 - 잤더니 날아갈 듯 참으로 개운하다. 값진 여로의 뒷맛이다. 평소보다 두배 반 이나 비싼 잠자리였는데도 후회스럽지 않다.

햇빛 찬란한 아침해가 대지에 카펫처럼 깔린다.

너무 조용한, 너무 풋풋한, 너무 시원한 전원의 시골이다.

사원은 이렇게 해가 뜰 때 문을 열고 해가 지면 따라서 문도 닫는다고 한다. 참으로 멋진 시골스런 얘기다.

순수했던 농경문화의 생활습관이 그대로 이어지고 있음이다.

막 문을 열고 있는 사원으로 들어서니 새소리만 재재거릴 뿐 조용하다 못해 고요하다.

아침 청소를 마치고 잠시 휴식을 취하는지 샤리 차림의 아낙들이 빗자루를 모아놓고 앉아있다.

화단엔 가지가지 꽃들이 만발해 있고 띄엄띄엄 우뚝한 사원들은 아침 햇살을 측면으로 받으며 막 날아오를 듯 거대한 황새처럼 앉아있다.

특별히 보아야 할 순서도 없고 시간에 쫓겨 어디론가 또 이동할 일도 없으니 발걸음 닿는 대로 차근차근 둘러 볼 일이다.

왼쪽켠에서 첫 번째로 만난 신상은 뜻밖에도 멧돼지였다.

이름하여 락시미와 바라하 사원으로 A.D 9백 년경에 축조됐다니 어언 1천1백년전의 작품이건만 조금도 손상된 부분이 없어 실감을 더해준다.

비슈누신의 3번째 화신으로 묘사되고 있는 멧돼지상은 크기나 표현방법이 참으로 대단하다. 앞발 하나가 우리 몸집만 하다.

온몸에 신상이 조각된 멧돼지를 더듬기만 해도 행운이 온대서 그랬는지 돌 조각이 닳고닳아 맨질맨질 빛나고 있다.

건너편 계단에 올라 힌두의 규율대로 신발을 벗으니 어느새 돌바닥이 따끈따끈하다. 날이 또 더워지기 시작하려나 보다.

모두가 돌로 된 전실 입구를 거쳐 예배실을 지나니 그 안에 불당이 있고 3면의 얼굴을 가진 비슈누신이 바깥세상으로 외출을 하려는지 꽃 목걸이 차림을 하고 있다.

신상의 주위가 온통 남녀의 나신들로 조각된 모습이 처음엔 너무너무 황당했으나 이내 무감각해져가고 있음을 느끼며 뒤로 돌아갔을 때 마침 동행자가 없었기에 망정이지 혼자서도 민망하여 바로 쳐다볼 수 없는 걸작(?)이 빙그레 웃고 있다.

아니 만족에 겨워 어쩔 줄 몰라하며 마냥 홍분된 표정을 여인의 아랫도리와 함께 적나라하게 들어내놓고 있다.

숱한 세월동안 누군가가 얼마나 많이 쓰다듬었는지 돌마저 닳아진 채, 색깔마저 변색된 채, 그러면서도 무엇이 그리 흐뭇한지 오늘도 마냥 행복해하고 있는 미투나 상들.

사원내부의 은밀한 곳 뿐 아니라 바깥의 외벽 또한 헤아릴 수 없을 만큼 수많은 인물들이 조각돼있다.

잠에서 깨어나 목욕하는 부인, 허리 굽혀 머리를 털고 있는 모습, 그냥 벗은채 거울 들고 화장하는 자태 등 여인들이 하루를 여는 각양각색의 일과들이 잘도 새겨져 있다.

친년전의 작품이라고는 믿기지 않는 돌 조각들이다.

금방이라도 승천하려는 여인의 날아갈 듯한 표현과 나신의 허리

주인공 옆에서 때(?)를 기다리고 있는지 몹시도 부끄러운 듯 얼굴과 성소를 손으로 가리고 있는 모습이 오히려 더 엉큼스럽다.

를 한껏 틀고 윗몸을 굽혀 발가락에서 가시를 뽑고 있는 모습은 금방 아프다며 어린양이라도 부릴 것만 같다.

거기까진 그래도 예술(?)이었다.

다리넷이 등나무처럼 꼬인 남녀교합상을 누구는 옆에서 거들고 있는데 또 다른 여인은 저만큼에서 곁눈으로 훔쳐보며 회심의 미소를 짓기도 한다.

가늘게 뜬 실눈에 손가락으로 가린 미소와 양볼에 머금은 수줍음, 그 밑으로 터질 듯 야구공처럼 톡톡 튀어나온 가슴이 관능미를 마음껏 뽐낸다. 사원 뿐 아니라 바깥 담벽에도 미투나상은 여전히 요란을 떨고 있다.

코끼리를 끌며 칼을 빼들고 행군하는 장면에서는 심심했던지 암말과 거시기하는 녀석도 있다.

한 병사는 다음 차례를 기다리며 워밍업을 하고 있고 또 다른 녀

"카쥬라호여, 과연 황금의 장소로다!"

석은 그 장면에 엉큼을 떠는지 애써 얼굴을 가리고 있는 몸짓들이 너무너무 해학적이다.

그 다음은 사람의 남녀교합상이 다채로운 체위로 조각돼있다.

현대판 포르노가 아무리 훌륭하다한들 이 정도로 노골적이진 못할 것 같다.

그런가 하면 인간과 신들과 음악가와 나무와 동물들이 함께 어우러진 당시 사람들의 생활상이 잘 표현된 곳도 있고 '20대는 공부하고, 30대엔 일하며, 말년에는 출가하여 열반에 든다'던 지극히 보편화된 이들 삶의 단계를 교육적으로 표현한 곳도 있다.

감각의 충족, 번영의 추구, 그리고 성스러운 이성의 임무 그래서 남녀의 성교합은 노동이나 기도 등 다른 일상생활과 동일시 취급되었던 힌두의 순수 무구한 신심을 보고 또 본다.

카쥬라호여, 과연 '황금의 장소'로다.

서로 다른 미투나

"헬로 - 모시모시 - 쟈팡 - "

"……"

"헬로 - 여보시요 - 꼬레아 - "

"그래, 너 왜 그러니?"

"이거 싸다. 텐 루피, 진짜 텐 루피"

고개가 아프도록 조각상을 감상하고 있는데 꼬마애가 툭툭 치며 말을 걸어오는게 물건을 사라는 얘기다.

우리말까지 더듬거리며 내민 10루피짜리 물건이란 성 조각들을 모조해 만든 기묘한 성교 자세의 노리개들이었다.

순간 처마밑의 오리지널과 아이가 내밀고 있는 모조품 성 조각을 번갈아 쳐다보고 있었더니 그 아이 답답했던지 아니면 옳거니 구매자를 제대로 만났다 싶었는지 바짝 다가선다.

"오케이 쎄븐 루피, 라스트 프라이즈"

"아이 엠 쏘리, 나 그것 안사"

"이거 좋다. 진짜 싸다. 노프러블램"

그러더니 노리개를 들어 열심히 작동(?)까지 해 보이는 게 아닌가. 이런 민망할 수가 그러나 쑥스럽고 계면쩍은건 나 자신 뿐 그 녀석은 재미있고 신나는 모양이다.

한참을 침묵으로 일관하며 사원을 두 개나 더 돌아보았는데도 끝

수없이 펼쳐지는 미투나상이 사원외부로 가득하다

장을 보고야 말겠다는 듯 그 아이는 조금도 흐트러짐 없이 그림자처럼 따라 다닌다.

나중엔 '화이브 루피'에 '아이러브 꼬레아'까지 나오는 바람에 그냥 5루피를 박시시(적선)하고 간신히 자유인(?)이 되어 미투나상을 다시 감상했다.

세계 여러 곳곳에서 온 희고 검고 노란 사람들, 그 중엔 남, 여, 노, 소가 함께 어우러져 안내자의 설명을 적나라하게 들으면서도 전혀 부끄러워하는 사람이 하나도 없다.

오히려 여자들이 더 가까이서 감상하는 편이고 남자들은 한발 물러 넌지시 감정을 다스리는 듯하다.

벌거벗은 나체상, 테니스 공처럼 탄력있게 튀어나온 가슴, 말이나 사람이나 비슷하게 조각해놓은 남근상, 꼬인 듯 뒤틀린 남녀의 환상적인 육체미, 그런데도 오늘 감상하고 있는 성(性)은 별로 추하게 보이질 않고 있어 다행이다.

일반적인 음화나 외설조각물에서 느낄 수 없는 명상적 분위기 속에 오래도록 젖어 내려온 탓일까.

여기저기서 가끔씩 탄성만 절로 나올 뿐이다.

우리나라에서도 전에 강화 전등사 대웅전에서 여인의 나상이 조각돼 있음을 본 일이 있다.

무슨 큰 비밀이라도 감춰둔 양 쉬쉬하며 그것도 남자들끼리만 슬금슬금 보았던 기억이다.

전등사 창건 당시 대목수가 끼워 둔 것이라는데 신앙적 의미나 예술성에 의한 것이 아니고 한낱 개인 사정에 의한 것이었다고 설명 들었었다.

당시 목수가 열심히 일하여 모은 돈을 아랫마을 주모에게 잠시 맡겼다는데 하필이면 그녀가 빼덕어멈이었던지 돈을 가지고 줄행랑을 쳐버렸단다.

너무 억울하고 괘씸하게 여긴 목수가 그 여인을 발가벗긴 모습으로 처마 밑에 끼워 넣음으로써 대웅전의 무거운 지붕을 평생 떠받치게 했다는 이야기였다.

어떤 이는 대웅전 지붕을 떠받친 채 끝없이 울려 퍼지는 목탁소리와 스님의 염불소리를 들으면서 크게 과거를 뉘우치고 깨달아 내

세에서는 좋은 사람으로 태어나 회계하라는 성숙한 염원을 새겨놓은 것이라고도 했다.

어쨌거나 둘다 일리가 있는 한국적 이야기임에 틀림이 없겠지만 이곳의 미투나상을 보고있으려니 전등사의 그 나부상 또한 바로 이곳 미투나상의 잔영이 불교와 함께 거기까지 흘러간 건 아닌가 하는 강한 호기심이 인다.

한가지 분명히 다른 것은 전등사의 나부상은 성이 배제되어 있음이다.

그냥 여체를 밋밋하게 조각해 놓았을 뿐 성기나 성교와 같은 사실적 표현은 없었다.

인도의 성이 표현을 통해 승화되었다면 한국의 성은 은폐를 통해 승화된 것이었을까?

글쎄, 어느 쪽이 더 좋은건지 혹은 훌륭한 것인가는 두고두고 더 생각해 볼 일이다.

벌거벗은 자이나교

오후에는 남쪽과 동쪽으로 흩어져 있는 사원군(群)을 둘러볼 요량이었으나 한낮의 태양이 너무 뜨거워 2시간만 오침을 갖기로 했다. 이 또한 얼마나 오랜만에 맛보는 한가로움이요 낮잠이란 말인가.

쾌적한 시설에서 낮에도 한번 더 샤워할 수 있음은 지금까지의 일정에선 감히 상상할 수 없었던 놀라운 사건이다.

오후 3시가 넘었는데도 얼마나 뜨거운 태양열인지 나뭇잎들이 축축 늘어져있다.

인간의 게으름이란 한계가 없는 것일까.

미적미적거리다 보니 4시를 가르킨다.

벌떡 일어나 무조건 튀어 나왔다.

후론트 밖으로 나서니 꾸벅꾸벅 졸고 있던 택시와 릭샤왈라들이 웬떡인가 싶었던지 일제히 달려들어 마구 잡아끈다.

20루피, 15루피, 10루피……

오전에 대충 살펴본 지리로 보아 릭샤까지도 필요 없는 좁은 지역인데다 조용하고 한적스러운 시골마을이기에 다 물리치고 자전거를 타기로 했다.

카쥬라호 마을을 한가운데로 가로질러 버스터미널, 여행자 사무소, 경찰서, 우체국, 병원을 돌아 동쪽군 사원으로 달렸다.

그곳은 자이나교 유적지였으며 교조 마하비라(Mahavira)의 건장한

맨몸의 나라에 맨몸의 신상이 벌거벗은채 오나가나 너무 많다.

나신상이 우람하게 버티고 서있다.

실오라기 하나 걸치지 않은 건장한 남성이 차렷 자세로 떡 버티고 서있는 조각상이 너무나 사실적이다.

비하르 주(州)의 바이샬리에서 태어난 마하비라 교주는 가정을 이루며 평범하게 살았으나 30세가 되면서부터 방랑생활을 시작하여 수행에 정진한바 철저한 무소유를 구현하기 위하여 단식중이 아닐 때에도 음식을 얻어먹기 위한 식기나 물그릇조차 휴대하지 않았음은 물론 옷마저 입지 않아 많은 사람들로부터 핍박까지 당하기 일쑤였다고 한다.

철저한 비폭력을 실현하기 위하여 벌레 한 마리조차도 다치지 않도록 신경을 쏟았던 그는 이 같은 정진으로 12년만에 드디어 대각(大覺)을 얻어 그후 30년 동안 깨달음의 길을 무릇 중생들에게 가르치다가 세상을 떠난 것이 B.C 527년의 일이니 그의 나이 72세였다고…….

공교롭게도 불교의 석존과 비슷한 시기인데다 하필이면 활동무대까지 같은 곳이어서 불교와 서로 비슷한 점을 많이 찾아볼 수 있는 게 자이나교 즉, 자인(JAIN)교다.

인도내 신도수가 겨우 400~500만 정도의 소수이기는 하나 대부분 상업에 종사하기 때문에 재력만은 매우 튼튼한 것으로 알려져 있다.

지금은 수구와 개화의 2개 파로 양립하고 있어 수구파는 아직도 교조가 행했던 것처럼 엄격한 수행을 계속하고 있어 사는 동안 방랑으로 일관함은 물론 전혀 옷을 입지 않을 뿐만 아니라 먹고 마시는데 그릇을 사용하지 않고 오직 손으로 해결하기 때문에 자기 몸엔 아무 것도 지닌 것이 없는 순수 100퍼센트의 무소유 알몸이라는 얘기다.

나체 수행자들이 처음 수행을 시작할 때는 작은 천 조각으로 국소 부위만 약간 가릴 뿐이나 세월이 지나면서 자연스럽게 완전 나체가 된다고 한다.

그런 수행자가 어디 안계시나 하고 여기저기 돌아 봤으나 사람의 그림자라곤 찾을 길이 없다.

아마 시도 때도 없이 들락거리는 속인(?)들과는 상대조차 안해 주는 모양이다.

지극히 신성시 되고 있는 팔루스(남근상)와 링가(여성 심볼)

맨발로 딛는 돌 바닥이 아직도 따끔따끔 한걸 보면 한낮의 더위가 대단했음이다.

히말라야의 산봉우리처럼 솟은 건축물 외관은 힌두사원과 많이 비슷하다.

뒤곁으로 돌아드니 그곳엔 오전에 보았던 서군사원에서의 미투나상을 옮겨놓은 듯 똑같다.

터질 듯한 여인의 가슴은 생명력을 표현한 것이라고 했다.

남성을 상징하고 있는 링가와 여성을 대변하고 있는 생명의 에너지가 천지창조를 위해 마구 엉키고 있는 미투나상 앞에 벌거벗은 자이나의 수행자들은 어떤 모습으로 다가설까 상상이 잘 되지 않는다.

넓은 들녘 저 건너 논 가운데 외로이 서있는 또 다른 사원으로 달려본다.

그곳엔 어떤 신이 또 어떤 모습으로 반겨줄까.

그동안 거리에서 가끔씩 만났던 '사두'님들을 이제는 다른 차원으로 대해야 할까보다.

10

바라나시

무시무종(無始無終)
갠지스 일출
갓트의 미로
죽음을 기다리는 집
수녀님 우리 수녀님
"여보게 서봉이"
Mother INDIA

무시무종(無始無終)

인도를 동서로 가로질러 헤맨지 어느새 4주째다.

아무리 여름 일기라지만 아침 5시는 이른 시간이다.

어제 하루종일 카쥬라호에서 여기까지 달려온 18시간을 생각하면 끔찍하다 못해 꿈속 같다.

길고도 먼길이었음은 기본이라 치더라도 도중에 장마비로 우리 앞차가 계속 물에 떠내려감을 두 눈 뻔히 뜨고도 그냥 바라볼 수밖에 없었던 참담함을 맛보았던 하룻길.

점심은 찐 감자와 계란 후라이와 챠이 한잔이었고 그나마 저녁은 대충 건너뛴 천리행군.

겨우겨우 당도했던 간밤의 악몽(?)을 생각하면 오늘 하루쯤 푹 푹 아주 푸-욱 쉬어도 되련만 어느새 여행길 마무리에 접어들면서 룸비니-포카라-카투만두에서 방콕이나 홍콩으로 빠져나가야만 우리 비행기가 서울까지 데려다 줄 여정이라 여기서 하루를 그냥 쉴 수는 없는 일.

계획대로 8월 15일까지는 카투만두에 도착해야 할 일이다.

그렇다면 스케줄대로 움직일 수밖에 지금 잠이 문제될 순 없다.

가자! 바라나시를 만나러 나가자.

어쩌면 갠지스를 다시 보고싶어 꼭 1년만에 이땅을 되밟아 여기까지 달려왔는지도 모른다.

그때의 어수룩했음을 생각하면 지금도 부끄럽기만 하다.

세상에나 거지에 대한 박시시의 미숙함으로 '떼거지'를 만나 갠지스의 일출시간을 놓친일은 두고두고 후회스러웠던 기억이다.

어디 그뿐인가.

하마터면 카메라까지 잃어버릴 뻔했던 지난해의 사건은 생각만 해도 가슴이 철렁 내려앉는다.

아직은 어스름 시장길.

말과 소와 인력거, 자전거, 트럭, 우마차, 오토 릭샤가 뒤엉켜 정신없이 흘러간다.

소음과 냄새와 먼지와 사람들 틈바구니를 헤집으며 갠지스를 향해 부지런히 옮기는 발걸음 앞에 간난쟁이를 안은 빈 젖가슴의 엄마 거지가 계속 따라오며 박시시를 청한다.

한번 주는 것으로 끝이 난다면 아까 벌써 주었을 텐데 이 눈치 저 눈치 때문에 적선하기도 꽤 힘들다.

잘못 주었다간 작년같이 벌떼처럼 몰려들어 길을 잃을 것 같아 두려움이 앞선다.

어디서 이 북새통은 끝이 나는 것일까.

윗통을 벗어 제친 장정 네 사람이 나무 들것에 붉은천으로 덮은 시체를 둘러메고 새벽길을 재촉한다.

시신을 덮은 천이 붉은색이면 여자이고 흰색이면 남자라고 했다.

얽히고 설킨 골목길은 결국 인도인들이 부르는 '어머니의 강(마더 강가)' 즉, 갠지스강 계단 둑(갓트)에서 멎는다.

거기 강가에서 해가 솟기를 학수고대 기다리고 있는 사람들.

10리가 넘는 갓트에 빼곡한 힌두사원의 종소리가 일제히 울려 퍼진다.

드디어 해가 솟으려나 보다.

사람들은 옷을 훌훌 벗고 강물로 들어간다.

한순간 불길에 휩싸이면 모든게 끝이나는 주검의 현장 "화장터"

갠지스는 진한 황토 빛 흙탕물이었다.

아낙네들은 샤리를 입은 채 강으로 걸어 들어가고 어떤이는 그 물을 손으로 떠서 마시기도 한다.

아까 시장통에서 만난 장정들은 강가 화장터에 자리를 잡고 시신을 장작더미 위에 올려놓는다.

갠지스 강물을 세 번 뿌려줌으로써 이승에서의 모든 절차는 끝이 났는지 지푸라기에 불을 당겨 장작으로 옮긴다.

한순간 불길에 휩싸이는 하나의 주검, 저렇게 매일 1백 여구가 화장된다고 한다.

주위의 어느 누구도 소리내어 구슬피 통곡하는 자는 아무도 없다.

그냥 장작불이 고루고루 잘 타기만을 신경쓸 뿐, 말없이 흐르는 강물처럼 너무나 담담하다.

죽어 시신이 화장되어 재가 강에 쓸리우면 구원에 이른다고 수천년을 믿고 살아온 이 사람들.

빈부귀천 없이 저렇게 뿌려지리라.

도대체 삶과 죽음은 무엇인가.

그리고 종교라 이름한 인간의 신앙이란 또 무엇인가.

이곳은 현대도 문명도 없는 곳.

다만 산자와 죽은자의 업이 한데 뒤엉켜 그저 그렇게 강물처럼 흐르는 세월만 있는 곳.

인간사 정녕코 무시무종(無始無終)인가?

갠지스 일출

매년 1백만명 이상의 순례자들이 찾아와 '인도의 마음'을 길어 간다는 갠지스를 이 사람들은 강가(Gangga)라 이름하고 있으나 우리는 그냥 널리 알려진 대로 갠지스라 부르고 있다.

갠지스는 종교적 의미를 부여하기 이전부터 히말라야의 만년설이 녹아 메마른 인도 북부대륙을 적셔줌으로써 찬란한 고대 문명을 꽃피운 인도의 젖줄이다.

마치 이집트가 나일강의 선물이듯 인도는 인더스와 갠지스의 딸이다.

그 줄기가 이곳 바라나시에 이르면 전생(前生)으로부터 흘러오던 삶이 잠시 이곳을 이승으로 삼다가 훌쩍 떠나려는 듯 초승달같은 만곡을 이루면서 물살의 유속도 뚝 떨어져 느릿느릿 흐른다.

여기저기에서 크고 작은 배들이 지구촌의 온갖 나그네들을 싣고 강물과 함께 떠내려간다.

육지와 강이 만나는 곳에 계단이 만들어져 있고 갓트(Ghat)라 부르던 그곳엔 강물에 몸을 담그는 사람, 명상하는 사람, 기도하는 사람들로 가득하다.

이 강물에 몸을 적시면 이승에서 지은 모든 죄를 말끔히 씻는다 하여 힌두사람들은 죽기 전에 꼭 한번씩은 여기 와서 저렇게 온몸을 강물에 담가 보기 평생 소원하고 있단다.

아침 햇살이 황금빛으로 찬란하게 빛나면 모두가 갠지스 강물속으로 뛰어든다.

또한 죽음의 길목에서조차 영원한 해탈을 얻고자 화장용 장작 값으로 손목에 팔찌 하나만 남기고 모든 것을 다 바쳐 이곳까지와서 죽음을 기다리는 사람들도 많다고 한다.

어느덧 갠지스의 아침 햇살이 태양신의 원력을 강물 위에 뿌리며 마치 등잔불에 심지를 돋우듯 한줄기 긴 빛으로 삶과 죽음, 영광과 좌절, 부귀와 빈천, 잘나고 못남을 함께 끌어 안는다.

참으로 숱한 인고를 견디면서도 도처의 수많은 사람들이 이곳을 찾아오는 까닭이 바로 이러한 인도의 마음을 읽고 싶어서였는가 보다.

일곱 자녀를 두었다는 뱃사공은 몇 푼의 달러에도 매우 감사한 듯 전생의 업(業)을 오늘의 선업(善業)으로 믿으며 열심히 노를 젓는다.

마냥 선량하기만 한 모습이 보기에 좋다.

빈천이나 부귀는 모두가 전생에서 지은 당연한 업보이며 이승의 어떤 고난도 저승에서만은 벗을 수 있다는 무한의 윤회를 그는 믿는다고 했다.

그는 또 말하기를 선(Goodness)은 얼마든지 쉽게 줄 수도 있고 받을 수도 있는 것이지만 돈(Money)이란 그렇게 쉬운 존재가 아닌가 보라며 빙긋이 웃는다.

더 많은 것을 갖기 원하고 더 빨리 목표에 도달하려고 몸부림치는 속인들의 끝없는 집착윤회를 통틀어 반성케 한 한마디가 아닌가 싶어 가슴이 찔끔해진다.

물결 따라 흐르는 뱃전에서 그는 또 말했다.

"No money, No problem" 이라고…….

그렇다면 'No problem, No spirit 일까?'

갓트의 미로

갓트(Chat)란 육지에서 강으로 자연스럽게 접근할 수 있도록 만들어진 계단 길을 말한다.

완만하게 휘어지며 남북으로 흐르는 갠지스강에 몸을 담그는 일은 이곳으로 순례 온 힌두교인들이 절대로 빠뜨릴 수 없는 의식 중 하나다.

1백여 개를 헤아리는 갓트가 다운타운의 시가지와 연결되면서 줄줄이 설치되어 있다.

제 각각 수 천리, 아니 수 만리를 몇 날 혹은 몇 달씩 걸어온 각지의 각양각색인 순례자들이 삼삼오오 모여들어 강으로 빠져드는 모습을 보고 있노라면 차라리 엄숙하다 못해 경외로움까지 인다.

목욕을 하거나, 성수(?)를 떠 마시거나 가만히 물에 잠긴 채 무어라 경을 외우며 계속 물을 퍼 머리 위에 끼얹거나 명상에 잠기는 등 나름 대로의 의식을 치르고 있는 순례자들의 모습이 떠오르는 아침 햇살을 받으며 붉은색으로 물든 강물위에 성자처럼 드러난다.

갓트 대부분은 18세기에 만들어진 것으로 그 중에 몇몇개는 쟈이푸르와 우다이푸르 그리고 카쥬라호와 바라나시를 장악하며 왕조의 맥을 이어온 마하라자들이 저택을 겸하여 왕실 전용 갓트로 만들어 놓았다는데, 그런 곳은 유난히 넓고 깨끗하고 한가한 가운데 중세풍의 궁전이 멀리서도 한눈에 알아볼 수 있을 만큼 특이하다.

갓트의 미로에서 만난 사두, 가까이는 다가갈 수 있었으나 대화를 나눠보는데는 실패하고 말았다.

그중 가장 대표적인 것으로는 중심부에 위치한 다사스와메트 갓트 라고…….

배가 갓트에 닿고 발을 땅에 딛으니 그곳역시 바로 화장터라 주위가 온통 숯검댕이들로 너저분하다.

매캐한 연기와 거기 실려온 닉닉한 냄새는 단순한 장작불이 아님을 금방 알 것 같다.

수북수북 쌓인 통나무 사이사이에서 장작 몇 다발을 저울에 달아 팔고 있다.

시신 1구 화장용으로 기본요금은 1천루피(약 4만원정도).

그러나 죽은자들의 공급(?)이 초과하고 있어 실제로는 부르는 게

값이라고 한다.

부자는 장작더미를 넉넉히 쌓아 충분히 태운다음 잘 탄 잿가루를 흔적 없이 강에 뿌리지만 가난한 자들은 장작더미가 부족하여 미쳐 타다만 시신을 그대로 강물에 띄워보내기도 한다니 살아서나 죽어서나 돈이란 늘 사람을 희비로 나누고 있다.

하지만 그 정도면 그래도 약과요 이도 저도 아닌 처지라면 돌을 매달아 수장까지도 불사한다니 앗뿔사 이일을 어쩐담…….

마침 식사전의 공복이라 다행이지 하마터면 토할뻔했던 그 골목길을 빠져 나오는데 언제나 끝이 보이려는지 두 사람이 비켜가기에도 넉넉치못한 미로(迷路)가 난마처럼 얽혀있다.

크고 작은 사원들, 구도수행차 가부좌를 틀고 앉아있는 사두들 그 속에서도 순례자들을 겨냥한 장사꾼들, 비단가게들, 온갖 향료와 물감을 파는 상점들이 촘촘히 들어서 있어 도대체 입구가 어디고 출구가 어딘지 알 길이 없다.

그런 사잇길에 갑자기 웅성거림이 가까워질 땐 영락없이 시신의 행진이 휙 - 지나간다.

까까머리의 불가촉민들이 색색의 천으로 덮은 시체를 둘러메고 좁은 골목길을 가르며 아까 본 화장터를 향해 쏜살같이 지나간다.

요령껏 민첩하게 옆으로 비켜서지 않으면 누군지도 모를 망자(亡者)와 박치기를 할뻔도 했던 그 골목이 어디서 끝났는지는 지금도 기억이 나지 않는다.

죽음을 기다리는 집

43세의 미스터 안디 씨는 그 집에서 봉사하고있는 사람들 중 최고참이었다.

8년전 독일에서 은행원으로 있다가 여기 인도를 여행하던 중 죽음을 기다리는 사람들을 위해 봉사하기로 마음먹고 삶의 방향을 바꿨다고 한다.

물론 이곳은 카톨릭교구에서 운영하고 있는 사회복지 시설이었지만 실제의 운영은 안디 씨가 앞장서 하고 있었다.

바쁘게 오고가는 자원봉사자들이 20여명은 되는듯 안디 씨는 그들을 효율적(?)으로 지휘하며 죽어가는 이들을 돌보느라 땀을 뻘뻘 흘린다.

아침 밥주기, 담요 치우기, 청소 하기, 젖은 이부자리 세탁 하기, 시트 옥상에 널기, 그들 팔다리 운동시켜 주기, 점심 주기, 설거지 하기, 목욕 시키기, 이야기 벗해 주기……등.

아침 8시부터 낮 12시까지 쉴 새가 없다고 한다.

너무 힘든 중노동이기에 오후에는 교대를 하고 쉬어야만 다음날 또 일을 할 수 있다니 참으로 대단한 봉사가 아닐 수 없다.

이제 겨우 일주일째 빨래 당번을 해주고 있다는 조반니 씨는 이탈리아 밀라노에서 온 학생으로 그는 10일만이라도 꼭 채우고 떠날거라 했다.

생과 사의 이웃인가? 죽음을 기다리는 집 옆의 힌두사원에 모여든 여인들.

프랑스, 아일랜드, 네덜란드, 아르헨티나, 미국, 일본 등 다양한 국적의 젊은 봉사자들이 구슬땀을 흘리는 모습이 너무나 애처롭다.

프랑크푸르트에서 왔다는 한스 씨는 면도기를 챙기고 있었다.

일주일에 한번씩 순번을 기다린다는 할아버지 몇 명이 그의 손길을 기다리고 있었다.

죽음을 기다리는 사람들이지만 그래도 면도는 하고 저승길을 떠날 모양이다.

호주에서 오신 빠스칼 신부는 환자들과 손짓발짓으로 말동무를 해주느라 땀을 뻘뻘 흘린다.

제나라 제집에서는 빨래방망이 한번 이발가위 한번 만져본 일이 없었을 저들이 수녀님을 도와 헌신적인 봉사에 취해있는 모습이 지상에 내려온 천사들을 보는 것 같아 흐뭇하다.

오전 10시. 마침 30분간의 커피타임이란다.

커피 한잔에 비스켓 몇 쪽이 현관 입구쪽 그늘에 놓여진다.

각국에서 온 남녀 봉사자들을 만났지만 그러나 싫은 표정은 아무에게도 없었다.

마침 오사카의 게이오 대학 경제학과 4학년이라는 다나까 군과 말이 통할 수 있어 지금 심경을 물어 보았더니 "다리가 휘청거리고 정신이 하나도 없어요"한다.

많은 이야기가 아니더라도 그 실상을 충분히 알 것 같다.

한국어, 일본어, 영어, 독일어, 프랑스어 등 만국어가 쏟아져 나온 잠깐이었지만 그러나 어느 누구도 불편해한 사람은 없었다.

이곳 죽음을 기다리는 집에서 봉사하는 사람들에게 카톨릭회에서 제공되는 건 오직 커피와 비스켓 뿐.

잠자리나 식사제공조차 전혀 없기 때문에 자신들이 알아서 해결하고 스스로 찾아와 봉사를 한다니 어안이 벙벙할 따름이다.

베신다 수녀가 귀뜸해준 봉사자 현황은 지금까지 8천명 정도가 고락을 함께해 주었다고 한다.

수녀님이 내보인 봉사자 안내 팜플렛은 영어, 일어, 독어, 프랑스어, 스페인어에 한국어도 함께 있었다.

한국의 젊은이들도 어느 나라 어느 누구 못지 않게 열심히 봉사에 동참해주고 있다는 말을 들었을 땐 코끝이 찡해옴을 감출 수가 없었다.

생과 사의 언저리에서 '죽음을 기다리는 사람들'이라니 아무래도 생소한 어휘임에 틀림이 없으나 여기서는 그나마 편안함을 선사하고있어 참으로 다행이다.

수녀님 우리 수녀님

1997년 8월 5일 오후 9시 30분. 사랑의 선교회(Missionaries of charity)를 창설, 가난한 사람들을 위해 자선활동을 해오던 테레사 수녀가 캘커타에서 87세를 일기로 타계함으로써 전인도가 아니 전세계가 큰 충격과 슬픔에 잠긴 일이 있었다.

그때 난 그곳에 있었고 인도 여행이 처음이었던 터라 엄청난 충격을 맛 볼 수밖에 없었다.

지금도 기억이 생생한 것은 고관대작이나 높은 계급도 아닌데다 더욱이 자기나라 사람도 아닌 평범한 한 여인을 이들은 왜 국장(國葬)으로 치루었을까 하는 의문점이었다.

그때의 여론과 신문 방송의 열띤 화제 거리 또한 장례식을 국장으로 치러야 한다느니 그렇게 할 수 없다느니 하며 연일 찬반양론이 부글부글 들끓었었다.

처음엔 '수녀의 장례를 국장으로 치르지 않는다'고 보도했었다. 이유는 지금까지 인도의 국장은 마하트마 간디 오직 한 분이었으며 그 외의 전례가 없기 때문이라는 명분으로…….

그러나 뒤이어 나온 비상 각의의 최종결정은 '인도에서 가장 위대한 시민의 영면을 국장으로 치른다'였다.

뒷 애기였지만 당시의 구즈랄 총리는 국장을 반대하는 각료들을 향해 "전례가 없다면 마하트마 간디옹의 경우도 마찬가지 아닌가.

그가 대통령이라도 지냈단 말인가. 그분도 마찬가지로 위대한 시민이 아니었던가"라며 설득했다고 한다.

그때 모든 시민들은 참으로 훌륭한 선택이라며 반겼고 구즈랄 총리의 용감한 결단을 열렬히 환영했었다.

그녀는 마케도니아에서 알바니아인으로 태어났으며 아일랜드 수녀원에서 받은 테레사라는 세례 본명 외에 그 이상 아무 것도 가진 것이 없는 빈손의 힘없고 가난하고 가냘픈 한 여인이었다.

생전 그를 TV 화면이나 신문사진에서 뵈었을 때 특히 유별나게 돋보였던 점은 무지무지 많은 얼굴의 주름살과 샌들을 신은 맨발, 작은 몸에 걸친 파란줄 무늬의 인도 남방식 하얀 수녀복 그리고 티 없이 밝은 미소였다.

그녀의 타계 사실이 가톨릭 신자에게나 혹은 비신자에게까지 두고두고 이렇게 큰 감동으로 남는 것은 오늘을 사는 우리 모두에게 아니 전세계 인류에게 남겨준 '깨끗한 영혼' 때문이리라.

버림받아 소외된 가난한 사람들에게 어머니 노릇을 하면서 언제나 수녀님은 낮은 곳을 택했건만 그러나 사람들은 그분이 어디서나 높은 곳에 있다고 여겼고 그렇게 믿으며 살아왔다.

무소유(無所有)가 얼마나 '큰 것'인가를 테레사 수녀는 몸소 행한 실천의 삶으로 우리에게 가르침을 주고 떠났다.

그가 하늘나라로 올라간후 빈자리에 남은 것은 우리가 지어준 '빈자의 성녀'라는 별명과 "인간은 오로지 사랑하고 사랑 받기 위해 창조되었습니다"라는 잔잔한 한마디가 빛을 더하고 있다.

흔히 회자되기를 가진 것을 사회에 되돌린다고 말할 때 사람들은 누구나 부(富)를 먼저 떠올리기 마련이다.

그러나 그는 없는 부를 탓하지 않았으며 그 대신 갖고 있는 능력(能力)을 자기 이웃에게 되돌려 주려고 노력했을 뿐이다.

그것이 그녀의 봉사였고 그 봉사활동의 가치를 지금도 온 세계인들은 잊지 않고 있는 것이다.

그가 생전 그렇게 실천할 수 있도록 배운 것은 빈자로부터의 깨달음이었다고 늘 말했었다.

자신에게 잠재돼 있는 무한한 사랑과 그리고 그것을 나눌 능력이 있음을 배운 것이다.

빈민, 고아, 무의탁노인 심지어 나환자들에게 작은 등불처럼 빛을 주던 나눔의 철학은 결코 높은 학식에서 나온 것이 아니라 오직 겸손함에 근거하고 있음이다.

늘 입버릇처럼 얘기하던 '소외된 사람은 누구나 다 천사'라는 그녀의 생각을 예수님 손에 얹힌 '작은 손'의 신념으로 겸허히 실천하고 떠난 테레사 수녀!

세계곳곳에서 그녀의 발길이 닿는데 마다 칭송의 소리가 들려오면 '나의 작은 봉사는 바닷물에 떨어진 물 한 방울에 지나지 않을 뿐'이라며 더욱 겸손해했던 바로 그 마음씨가 만인의 심금을 울렸고 그렇게 해서 답지한 성금이 모아져 사랑의 선교회가 운영됐었다고 한다.

무소유의 삶이 얼마나 아름다운지를 다시 깨달으며 사회에 환원할 수 있는 것이 꼭 돈이나 물질만이 아니라 능력도 나눔의 대상으로 훌륭함을 생각게 한다.

한사람의 87년 생애 중 18세 이후 70평생을 남의 나라땅 인도 캘커타에 정착하면서 '일하며 사는 곳이 곧 내 나라요 내 고향이 아니냐'고 했던 인류 보편성을 몸으로 살아낸 끄트머리에 마지막으로 남길 말 "우리는 하루하루를 마지막 날인 듯 열심히 살다가 하느님이 부르실 땐 왜 진작 부르지 않았습니까 하고 기쁘게 달려갈 수 있어야 한다."고…….

죽음을 기다리는 집에서 죽음을 기다리는 천사들을 돌보고 있는 저들이야말로 모두가 테레사 수녀요 하늘에서나 땅에서나 '오직 천사님'들이 아닐는지…….

"여보게 서봉이"

세계의 지붕이라 일컫는 히말라야에서 발원하여 인도대륙 북부를 길게 가로 지른후 뱅갈 만에 이르러 바다와 만나 끝이 나는 갠지스 강은 자그마치 2천5백km에 이르는 장강(長江)으로 예로부터 힌두교의 신화와 함께 그 어떤 강보다도 신성시 돼왔다.

더욱이 시바신과 연관하여 이미 3천년 이전부터 강기슭에 터를 잡고 지금까지 줄곧 번잡한 도회지로 이어 내려온 바라나시는 원래 '빛나다'라는 어원을 가진 카쉬(Kashi)로 불려왔던 곳이기도 하다.

오랜 세월 힌두 성지로 발전해온 바라나시는 석존 이후 번성했던 불교의 세월과 11세기 이후 이곳까지 진출했던 회교권의 지배를 겪는 동안 특히 무굴제국 말기 아우랑제부 시대에는 시내에 있던 모든 힌두사원이 파괴되거나 회교사원으로 바뀌는 수난을 겪기도 했다.

종교를 토대로 한 도회지로써의 오랜 역사 속에 인도의 명문 힌두대학교가 있어 더욱 유명한곳 바라나시.

캠퍼스의 넓이가 세계에서 가장 크다는 힌두대학은 과연 드넓은 부지에 학부의 건물이 여기저기 넉넉하게 흩어져 있어 캠퍼스안을 시내 버스로 오갈 정도다.

이름 그대로 이 나라의 민족과 종교 문화를 종합적으로 학습하고 연구하기 위하여 세운 대학이기 때문에 처음 학교를 세울 당시 이곳 사람들은 빈부귀천을 가리지 않고 너무 기쁜 나머지 시민의 자존심을 걸고 기꺼이 헌금했다고 한다.

대학 캠퍼스 한가운데엔 어김없이 비슈와나트 사원이 하얀 건물로 자리잡고 있다.

다른 사원과는 전혀 비교되지 않을 만큼 깨끗하고 조용한게 과연 최고의 지성답다고나 할까.

물론 학생들과 교수님들이 주로 찾는 곳이겠지만 오늘은 방학중이라서 그런지 다른 순례자들도 많이 보인다.

지금껏 보아온 사원에서의 번잡스러움과 온갖 소음 그리고 이상한 냄새들조차 한꺼번에 떨어버린 마치 심산유곡의 고찰과도 비슷하다.

입구에 간단한 매점이랑 차이집도 있어 내친 김에 요기도 하고 한 시간 쯤 쉬어 볼 참이다.

크고 넓은 숲이 있어 좋고 조용하고 깨끗한 곳이라 오랜만에 마음이 차분히 가라앉는 기분이다.

이 나라의 말과 글이 통할 수만 있다면 더 많이 물어보고 안내문도 읽어보면 얼마나 더 좋을까 싶으니 다만 아쉬움이 크다.

힌두대학교에 비해 규모는 훨씬 작지만 산스크리트 대학도 있다 하여 발길을 옮겼다.

어느 나라 말이건 현대어보다는 고어가 몇배 더 어려운 법인데 그런 선입견 때문인지 인도의 고전 산스크리트어를 공부하고 있는 대학은 건물부터 훨씬 더 딱딱하고 고전적인 것 같은 분위기다.

너무 더운 탓에 되도록 그늘을 찾아 어슬렁거리고 있는데 기숙사 한 켠에 난데없이 한국승원(韓國僧院)이란 표찰이 붙어있어 당혹감과 반가움이 함께 교차하는 순간 우리 나라 사람인 듯 한 청년이 거기 서있지 않는가.

조심스레 "여보세요……!" 해 보았다.

캠퍼스내 비슈와나트 사원 역시 남녀 순례자들로 많이 붐비고 있다.

그는 다행히도 여기까지 유학왔다는 부산 학생이었다.

너무 반가운 나머지 "언제 왔느냐?", "지금 몇 학년이냐?"며 염치 차릴 것 없이 마구 물어 보았더니 서봉이라 했던 그 학생은 아무런 대꾸도 없이 물끄러미 쳐다만 본다.

앗차! 자신이 너무 성급했음을 직감으로 느끼며 결례됐음을 먼저 고(告)하고 차근차근 몇 마디 들어보았다.

세상에나 그 어려운 공부를 예까지 와서 하다니…….

젊은 친구 서봉이 존경스럽기도 했지만 왠인지 안쓰러운 생각이 오래도록 가슴에 머문다.

워싱턴에 가 있는 큰 녀석(민구)생각 때문이었을까?

Mother INDIA

종교의 바다에 사원의 숲을 헤치며 달려온 인도 여행길에 별난 사원을 또 만난다.

'바랏트 마타'라 이름하고 있는 이 사원은 일반의 힌두사원들 처럼 신상을 모신 것이 아니라 대리석으로 만들어진 인도 지도를 모셔놓고 어머니 인도(Mother India)를 섬기는 사원이다.

이 땅에 첫발을 디디던 날 이 사람들이 모시는 신의 숫자가 3억이라고 했을 때 어안이 벙벙한 나머지 숫자의 단위를 잘못 알아들은 것이겠지 하면서 속으로 억 - 만 - 천 - 백 - 십, 하다가 '그래, 신이 하도 많다니까 3백개 쯤은 되나보다.'했던 게 봄베이에서의 첫 번째 기억이다.

그후 서서히 인도화(?)되면서 3천~3만까지는 인정해주며 여기까지 왔는데 오늘, 바로 이곳 바라나시에서 3만이 아니라 3억을 새롭게 인정하는 의미로 두 손을 들어 항복(?)하고 말았다.

사원의 이름조차 바라트(Bharat)는 인도를, 마타(Mata)는 어머니를 가리키는 말이므로 결국은 어머니의 땅 인도대륙에 바쳐진 사원이란 뜻이 된다.

네모 반듯한 수많은 하얀 대리석 조각을 이어 붙임으로 만들어진 입체조각 인도 지도의 거대한 모습이 보는 이의 마음을 숙연케 하고 있다.

위쪽으로 세계의 지붕 히말라야 고봉들이 부탄쪽에서 힘을 뻗쳐 네팔과 인도를 지나 파키스탄까지 장엄하게 뻗어있다.

카투만두에서 탕보체지나 에베레스트도 거기 있고 포카라를 기점으로 안나푸르나의 만년설도 보인다.

멀리 K_2, 마칼루, 다울라기리, 마나슬루, 로체, 카셔브롬, 캉첸중가 등 해발 8천미터급 이상의 연봉들이 한눈에 선명하다.

그 아래 남쪽으로 갠지스와 야무나 강의 대평원과 반드야 산맥으로 연이은 데칸고원의 중부 산악지형이 입체적으로 잘 나타나 있다. 유랑길을 헤쳐온 우리의 행적도 거기서 고스란히 찾아 볼수있어 실감을 더해준다.

영국 식민 통치시대에 종교적인 대립과 지역 감정을 뛰어넘어 오로지 조국 광복을 쟁취하고자 민족주의의 상징으로 1936년 조국의 독립과 통일을 염원하면서 자와할랄 네루의 제청으로 세운 것이라 설명한다.

그렇다면 왜 하필이면 이렇게 멀고먼 지방 소도시에 세웠을까 의아하지 않을 수 없다.

그에 대한 안내자의 대답은 의외로 간단했다.

이곳 바라나시는 인도에서도 그 역사가 가장 오래된 곳이기 때문이라고……

듣고 보니 뉴델리도 아니고 캘커타도 아닌 이유를 더 이상의 설명 없이 알아들을 것 같다.

이것이든 저것이든 모든게 서울 중심으로만 이뤄지고 모여들고 있는 우리의 현실이 대조적으로 번득 스치며 지나간다.

여기까지 와서도 그런 저런 생각이 연이어지고 있음은 어쩔 수 없는 분단 조국의 시린 마음 때문일까.

아직도 허리가 두 동강난 채 반백년의 상채기만 깊어 가는 나의 조국 우리 대한민국.

마더 인디아 사원 앞에서 전통춤을 선보이며 인도산 카페트의 우수성을 PR하고 있다.

누구나 입만 열면 분단과 이산을 가슴 아파하며 통일을 노래부르지만, 진정으로 조국에 대한 뜨거운 애정을 얼마나 갖고 있느냐는 물음 앞에 과연 하늘 우러러 한 점 부끄럽지 않은 자 그 얼마나 될까.

벌써 60여년전 1930년대에 이미 마더 인디아를 생각한 나머지 계획하고 만들어낸 인도 사람들의 조국에 대한 애정이 보는 이의 가슴을 자꾸 찡하게 만든다.

돌아 나오는 길손들에게 안내자는 유창한 영어로 이렇게 크로징을 한다.

'바라나시는 항상 전통적인 인도와 가장 새로운 인도가 한데 융합되어 끊임없는 저력을 창출해 나가고 있는 역사의 고향입니다.'

11

사르나트

녹야원 행(行)
팔정도(八正道)
고고학 박물관
보리수 족보
오천축국(國)
Goodbye INDIA

녹야원 행(行)

이 나라 사람들은 오나가나 껌을 씹듯 무언가를 우물거리며 다니는 사람이 많다. 어제 갠지스강에서 노를 젓던 뱃사공 아저씨도 쉴새없이 씹는담배(?)를 즐기고 있었다.

거리마다 조그만 판자쪽을 얹어놓고 아롱다롱한 깡통 속에서 무엇인가 조금씩 찍어내어 나뭇잎에 싸서 팔고있는 노점상을 많이 보아왔는데 그 중에 하나가 '빤'이라고 하는 사실을 이제야 확실히 알 것 같다.

대만을 비롯한 동남아 더운 지방 사람들이 즐겨 씹고있는 '빙낭'과 비슷한 일종의 담배 같은 기호품이라고나 할까.

우리 운전사도 아까부터 나뭇잎사귀에 무언가를 싸서 계속 씹으며 "Very Good" 이란다.

엄지 손가락을 치켜든 운전사 나바브 씨는 머리가 맑아지는 성분이 들어있어 기분을 좋게 해준다고 오히려 자랑이다.

인력거나, 택시, 릭샤 등 운전사들이 손님을 태우고 거리를 달리는 영업 중에도 곧잘 차를 세우곤 하는데 그곳엔 꼭 '빤'이 있어 그것을 사기 위해서였다.

그리고는 미안하달 것도 없이 껌을 씹듯 질겅거린다.

저 좋아 제맛에 자기 입속에서 우물거리는 것까지야 누가 무엇이라 할까마는 얼만큼 씹다가 아무데나 뱉어 버리는데, 그럴 땐 비위가 확 상하고 속이 울렁울렁 뒤집어 지려고 한다.

그것은 마치 빨간 피를 토해내는 것 같이 보여 순간적으로 고개가 돌아간다. 길바닥이나 사람이 모여있는 곳이면 어디서든 그들이 뱉어낸 빨간물(?)이 흉스럽게 얼룩져 있는 것을 자주 볼 수 있다.

어디 그 뿐인가 그것을 질겅거릴 때 비치는 입안의 모습은 마치 이빨 사이로 붉은 피가 흐르는 것 같아 작년에 처음 보았을 땐 꿈에 보일까봐 놀란 일도 있었다. 아무리 좋아서 즐기는 자기들만의 특유한 기호품이라 할지라도 그 모양새와 입안에서 맴도는 빨간색의 혐오스러움은 외국인에게만은 에티켓이라 생각하고 삼가 주었으면 얼마나 좋을까 싶다.

그렇게 달려온 12km길, 복잡하기 이를 데 없고 와글와글 정신이 하나도 없었던 바라나시와는 너무너무 상반되게 조용하고 쾌적한 사르나트(Sarnath)는 시원한 나무 그늘까지 있어 대조를 이룬다.

성자가 머무는 곳이라는 뜻의 '리쉬파타나'라고도 불리었던 이곳은 석가모니께서 6년 고행 끝에 스스로 증득(證得)한 '위없는 깨달음(無上正覺)'의 내용을 처음으로 세상에 펼친 곳이다.

그러므로 그분과 깊은 연관을 맺고있는 다른 세 곳 즉, 이 세상에 태어난 곳 룸비니(Lumbini)와 깨달음을 증득한 곳 보드가야(Bodhgaya), 그리고 숨을 거둔 곳 쿠쉬나가르(Kushinagar)와 함께 불교의 4대 성지 중 하나로 꼽히고 있다.

무상정각의 깨달음을 증득한 석존이 그 엄청난 사실을 나누기로 결심하였을 때 첫번째 대상 인물로 제일 먼저 떠오른 사람은 한 때나마 그가 스승으로 섬겼던 알라라와 웃다카였다고 한다.

그러나 그들은 이미 세상을 떠난 뒤였으므로 지난날에 같이 수행 정진했던 다섯 도반(道伴)들을 찾아온 곳이 바로 이곳 사르나트다.

구도를 위한 수행이라면 그 어떤 고행도 망설이지 않았던 싯달타(Siddartha)를 수행의 귀감으로 삼고 따랐던 콘단나, 밧디야, 밥파, 마

우리집 식구는 아무도 못말린다고 했던가? 이국땅 녹야원 초입에서 만난 한글현수막.

하나마, 앗사지 등 다섯 수행자가 싯달타와 헤어진 후 이곳에 머무르고 있음을 전해듣고 오직 "위없는 깨달음"의 이치를 나누겠다는 일념으로 250km를 엿새동안 걸어와 다섯 도반을 만나고, 법을 나누고, 그래서 세상에 법을 처음 이야기한 곳 사르나트.

넓고 푸르고 조용한 게 사슴이 뛰어 놀아도 되겠거니와 지금도 한켠엔 사슴공원이 있어 녹야원이란 이름이 전혀 낯설지 않게 다가온다.

이름 한번 너무너무 좋다.

녹야원(鹿野苑)!

팔정도(八正道)

불교 경전에 나오는 브라흐마 닷타왕이 이곳을 사슴들이 뛰어 놀도록 허락했기 때문에 '사슴의 동산'이라 이름하였다는 일설을 상기하면서 아침 일찍 들어선 녹야원엔 더운 나라에서 흔히 볼 수 있는 진분홍색 부켄벨리아가 여기 저기에 무더기로 피어있어 눈이 부시다.

그리고 움푹 패어있는 유적들이 점점이 흩어져 있고 그런 풀밭 건너에 녹야원의 상징인 다메크탑(大法眼塔)이 우람하고 우뚝하다.

마우리아 왕조 때 처음 만들어지고 굽타 왕조인 서기 3백년에서 6백년 사이에 대대적으로 보수되어 오늘에 전하는 것으로 알려진 탑의 상층부는 허물어진 듯 보였으나 지금도 높이가 43m에 둥근 기단부의 직경이 36m에 이른다고 한다.

기단부에서 11m까지는 큼직한 돌덩이로 둥글게 쌓아 올렸고 거기서 조금 작은 규모인 윗 부분은 벽돌탑으로 이어져있다.

지금은 이곳 사르나트의 상징적인 스투파가 되고 있지만 언제 어떤 유래로 하여금 이 자리에 이런 구조물이 세워지게 되었는지 그 까닭을 똑 부러지게 아는 이는 아무도 없다고 한다.

하지만 부처로서 최초의 설법을 한 곳이 이곳이라는 데는 어느 누구도 이의를 달고있지 않다는데 그렇다면 도대체 녹야원 어디쯤에서 초전법륜(初轉法輪)을 설파했을까.

풀릴 수 없는 의문인줄 알면서도 그런 궁금증을 되뇌이며 라자스

석가모니 부처의 최초 설법지에 우뚝선 스투파 '대안탑'.

탄에서 석달이나 걸어 여기까지 왔다는 이름 모를 순례자들을 따라 영내를 돌아본다.

물경 2천5백여년전 석가모니 부처님은 여기서 다음과 같은 설법을 했다고 한다.

"이 세상엔 두 갈래 길이 있는데 하나는 무던히 참아내며 자신과 싸워야하는 고행의 길이요, 또 하나는 관능의 길로서 이는 원초적인 욕망과 육신의 쾌락에 빠지는 길이다. 허나 이는 양쪽 모두가 다 천하고도 어리석기가 마찬가지다."

그러면서 다섯 도반들에게 자신에 찬 자기 수행담을 이렇게 또 외쳤다고 한다.

“구도자들이여 나는 위에서 열거한 치우친 두 갈래길 대신 중도(中道)를 깨달았노라, 이로써 새로운 인식을 얻었고 마음의 평정과 진리의 눈뜸에 들었노라.”

어렸던 시절 싯달타는 왕자의 몸이었기 때문에 궁중에서 수많은 궁녀들과 세속적인 놀이와 쾌락에 젖어본 일이 있었고, 출가 후에는 보통 사람으로써 감히 흉내 낼 수조차 없는 혹독한 고행을 6년씩이나 치러냈다.

그러나 이와 같은 양극의 생활과 고행으로는 깨달음에 이르지 못하였으므로 위의 극단적인 두 길을 모두 버리고 오직 중도를 찾아 수행 정진한 끝에 깨달음을 얻었음이다.

온갖 고뇌를 극복한 절대적인 평온 속에서 영육간에 자유로워 졌다 하여 이를 해탈(解脫)이라 부르기도 한다.

그런 연유로 불교의 근본 사고 중 하나를 중도라 말할 수 있는데 이는 어느 쪽에도 기울지 않는다하여 그럭저럭 적당주의를 가르킴은 결코 아니다.

말하자면 대립적인 상극은 지양하되 가장 합리적, 자주적인 행동양식으로 소극적인 회피가 아니라 적극적인 행동이라는 얘기다.

그래서 사찰이나 승방에 들면 눈에 자주 띄곤 했던 팔정도(八正道)가 바로 그런 중도사상의 여덟 분야로 이루어진 성스러운 길이었음을 여기서 새삼 되뇌게 한다.

바른 말(正語), 바른 생활(正命), 바른 견해(正見), 바른 사념(正念), 바른 결의(正思), 바른 명상(正定), 바른 행위(正業), 바른 노력(正精).

바른길 하나를 가기도 어려운 요즘세상인데 참으로 힘들 것 같은 팔정도의 중도.

그러나 사람이라면 꼭 가야할 정도(正道)가 거기 있음을 어찌하랴.

고고학 박물관

나무가 있고 바람이 있어 그늘에서는 그런 대로 견딜 만한데 땡볕으로 나서기만 하면 엄청 뜨거운 햇살이 사정없이 퍼 붓는다.

어디서부터 얼마동안 걸어온 순례객들인지 붉은 옷을 걸치고 장대하나 둘러메고 맨발이 퉁퉁 부은 한무리의 사람들이 우루루 몰려온다. 저들 앞에 누가 감히 고생스럽다하랴 아니 이까짓 햇살에 날씨 조금 더운 것쯤 무슨 문제랴 .

안내도를 펼쳐보니 주위에 각국의 사찰들이 많기도 하다.

1931년에 지었다는 남방 스리랑카 절도 있고 미얀마 절, 티베트 절, 네팔 절, 태국 절, 일본 절, 중국 절이 있는가 하면 그 사이에 자이나교 사원도 사이좋게 나란히 공존하고 있다.

우리 한국 절도 어딘가에 곧 세울 요량으로 대지를 마련해 놓았다니 인도유랑 세 번째길 마다말고 이 다음에 한번 더 와보면 그땐 우리 절에서 우리 스님과 만나고 우리 말로 시원시원히 더 많은 이야기를 나눌 수 있으리라 기대해 본다.

태국 절 길 건너편의 사르나트 고고학 박물관은 작은 규모에 비하면 아주 값진 곳이었다.

물론 입장료를 받고는 있었으나 루피도 아닌 화폐 단위 파이사(몇 10원 정도)가 애교 스러울 뿐이다.

진귀한 보물들이 가득하건만 에어컨 시설 없이 천장에 매달린 잠

현존하는 불상중 최고의 순수와 아름다움을 자랑하고 있는 초전법륜상.

자리 날개만 빙빙 돌고 있다. 들어서자마자 정면 한복판에 우뚝하고 있는 아쇼카대왕 석주 상부를 장식하고 있던 네 마리 사자상이 동서남북을 향해 늠름한 자세로 버티고 있다.

사암(砂岩)에 새겼지만 윤이 반짝반짝 나도록 잘 다듬어놓은 석상이 마치 대리석을 깎아놓은 듯 기품있고 우아하다.

인도의 국장(國章)으로 채택돼 화폐에까지 인쇄하고 있는 사자석상의 오리지널 진품이 바로 우리 눈 앞에 있다니…….

B.C 3세기의 작품이라는데 온전히 보전된 상태가 너무너무 놀랍다. 그 다음 방으로 건너가면 이 세상 불상 중에서 가장 아름답다고 칭송 받는 불타의 최초 설법모습을 새긴 초전법륜상이 눈길을 끈다.

한없이 온화하면서도 잔잔한 미소를 머금은 얼굴, 눈을 아래로 내려 뜬 소년 같은 앳된 모습 이런 자태야말로 우리 인간이 모두 본받아야 할 원시의 속마음이 아닌가 싶다.

평안과 고요를 머금은 잔잔하고 순수 무구한 미소야말로 인류구원의 참 모습이리라.

어쩐 일인지 여기서도 부처님의 코는 다소나마 망가져 있었으니 부처님 코를 떼어다 삼신할머니께 바치면 아들을 점지해 줄꺼라는 우리네 속설이 이 나라에서도 통하고 있었단 말일까.

손가락 조금과 코만 온전했더라면 전체가 완전무결했을 것을 생각하니 아쉽고 안타깝다.

둥글게 떠 바친 광배(光背)의 정교한 꽃 문양 위에 좌우로 날아갈 듯 새겨진 두 천인이 비천의 기상을 엿보게 한다.

부처님 대좌 아래 앉아있는 다섯 수행자는 아마도 부처보다 먼저 이곳에 와있던 도반(道伴)들인 것 같고 왼쪽 끝엔 그들을 따랐던 어느 모자신자(母子信者)도 보인다.

그 아래 사슴도 두 마리가 새겨져 있으니 여기 녹야원의 설법을 표현하고 있음이 확실한 것 같다.

1천5백년전 5세기경 굽타시대에 조성된 불상이라고 하기에는 너무나 정교하고 온전한 상태가 경탄스럽다.

자태를 보면 경주 석굴암의 우리 부처님 같기도 하고,

미소를 보면 신라 금동여래좌불상 같기도 하다.

아름다운 하나의 형상이 인간에게 주는 정신적인 감응은 시(時)와 공(空)을 훨씬 뛰어넘는다.

불자도 아니면서 불상 앞을 떠나지 못하고 있는데 그나마 천정에서 빙글빙글 돌고있던 잠자리날개가 덜덜거리더니 멈춰 선다.

금새 땀이 후줄근하고 숨쉬기가 답답해온다.

'부처님 용서하소서! 우리는 이런 정도도 못 참는 미물일 뿐이옵니다.'

보리수 족보

꼭 불교성지뿐 아니라 보리수는 이 지방의 자연수다.

하지만 그 나무와 석가모니와는 윤회설에 의한 전생의 인연이 3천겁도 더 되는가보다.

보리수 나뭇가지를 붙들고 마야부인은 아기부처를 낳았고 성장한 싯달타는 그 나무 아래에서 도를 깨쳤으니, 무지무지 신성시 되고있는 보리수임에 틀림이 없다.

그 중에서도 특히 보드가야의 보리수를 으뜸으로 치고 있는 것은 바로 거기서 불교의 이치가 증득 되었기 때문이다.

장정 서너 사람이 둘러싸야 될 만큼 성장한 지금의 보드가야 보리수는 부처님 당시의 원목은 물론 아니다.

원조(제1대) 어머니나무는 늦게나마 크게 깨달음을 얻고 개종하여 나중에는 엄청난 불교 부흥까지 일으켰던 아쇼카왕이 젊은 시절 이교도로써 오히려 불교를 박해하던 때에 누군가가 땔감으로 잘라 불태워 버리도록 내버려두었다고 한다.

그러나 부처의 염력을 입었는지 아니면 번식력이 강한 탓인지 베어낸 그루터기에서 새싹이 다시 자라났는데 그때는 아쇼카왕이 개과천선한 후였기 때문에 어린 나무에 우유를 붓고 혹여 가축들이 침노하여 물어 뜯을까봐 울타리까지 설치하면서 애지중지 길렀다고 한다.

신라 고승 혜초 스님이 들렸을 무렵에는 그 아들나무(제2대)가 완전히 성목이 되어 주변에 풍성한 그늘을 드리워 주었다고 적고 있다.

그러나 세월은 또 뒤바뀌어 시바신을 숭상해온 힌두의 왕이 지배하게 되자 보리수는 또다시 베이고 겨우 새싹이 돋아 나는가하면 독즙까지 부어 뿌리째 죽이기를 거듭해 12세기 이후에는 결국 자취를 감추고 만다.

그러나 권불십년이요 세월은 하 무상한 것일까.

1863년 영국 통치하에 그 지역 총독으로 부임한 커닝검 장군이 '부처님 성지 복원계획'을 발표함에 따라 원조 보리수의 핏줄을 찾아 멀리 스리랑카 보리수에서 분지하여 옮겨다 심은 것이 오늘에 전하고 있는 보리수다.

이야기는 다시 먼 옛날로 거슬러 올라가 아쇼카왕시절 지금의 스리랑카인 석란국(錫蘭國) 왕가에 공주를 시집보내면서 혼약의 징표로 보리수 가지를 꺾어 왕국의 남쪽에 심게 함으로써 혈맥을 잇게 하였으니 그때 공주가 가지고 갔던 보리수가 손자나무(제3대)요 그 가지를 다시 옮겨와 심어가꾼 현존의 보드가야 보리수는 증손자 나무(제4대)인 셈이다.

그런 증손자 나무는 형제나무가 한 그루 더 살아있으니 현재 하와이의 오하우섬 포스타 식물원에 있는 보리수가 바로 그 혈통의 형제나무인 셈이다.

이는 하와이의 카메하메아 왕국이 망해가던 19세기말 왕족인 포스타 부인이 불교에 심취한 나머지 스리랑카까지 찾아가 보리수 묘목을 분양 받아 당신 손으로 하와이에 옮겨 심은 것이라고 한다.

사연도 많은 이 진신 보리수는 부처님 생전엔 1백척(尺)이 넘었고 혜초 스님 시절에는 50척이더니 다시 지금 또 1백척으로 무성함을 자랑하고 있다.

보드가야 사람들은 새벽에 지는 진신 보리수잎을 주어놓았다가 그곳을 찾는 순례자들에게 돈벌이로 팔고 있다는데 그래도 되는 것인지는 좀더 연구(?)해볼 문제다.

지금은 불교신자뿐 아니라 어느 종파의 어느 누구라도 그 보리수잎을 잘도 사간다는데 이는 성인(聖人)을 탄생시킨 여의수(如意樹)라고 소문이 나있어 몸에 지니기만 해도 만병통치요 만사형통하는 신통력이 있다고 믿고있기 때문이란다.

소문이란 정말 무서운 것이라 죽고 사는 문제도 나뭇잎 하나로 좌지우지 될수 있다니 신기한 일이다.

알고보니 우리 나라 양산 통도사에도 작년에 다녀간 인도 관광성 장관이 방한기념으로 그 보리수를 한그루 심어 놓았다는데 만약 보드가야에서 분지해온 것을 심었다면 진신 보리수 고손자나무(제5대)가 한국에서 그 대(代)를 잇고 있는 셈이다.

오천축국

세계화 국제화에 앞서, 아니 바로 그것을 위해 우리에게 조상의 긍지를 세워준 이가 있다면 그 반열 맨 윗자리에 혜초(慧超)스님이 계시지 않을까 싶다.

콜럼버스가 신대륙을 찾아나선 것 보다 무려 7백 여년이나 앞선 8세기초 신라의 고승 혜초가 오천축국을 다녀와 「왕오천축국전(往五天竺國傳)」을 남겼으니 이보다 더 위대한 민족적 자존이 또 어디 있을까.

'천축'은 인도를 지칭한 옛 중국식 이름으로 오천축(五天竺)이란 인도의 동, 서, 남, 북 네 지역과 중부지방을 합쳐 부른 것이니 전인도 대륙을 일컫고 있음이다.

비행기도 자동차도, 아니 자전거도 없던 서기 720년대의 아주 먼 옛날 우리 한반도에서 중국으로 다시 중국에서 인도까지 넘어와 이 낯선 곳을 걸어서 배낭여행(?)하며 불적지(佛蹟地)를 순례하고 각지방의 지리, 풍속, 문화, 물산, 종교 등을 관찰하여 기록했다니……

5년여에 걸친 그의 발길은 인도 전역을 주름잡은 다음 카슈미르, 아프가니스탄, 중앙아시아, 네팔, 티베트, 간다라, 투르키스탄까지 아우르고 있다.

「왕오천축국전」은 동서 교통의 중심지였던 토화라국에 들어간 다음 멀리 파사(페르시아), 대식국(사라센), 대불입국(동로마제국)에 관한 견문까지 두루 수록하고 있어 놀라움을 금할 수 없다.

심지어 스님께서는 사마르칸트 지방에서 페르시아 인들의 종교인 조로아스터교(拜火教) 의식과 풍습 그리고 혼인을 서로 교차하여 어머니나 누이를 아내로 맞아 들였던 매우 고약스런 풍속까지 언급하고 있다.

원래는 3권이었던 원본을 줄여서 엮은 듯 절략본(節略本)이 그나마 앞뒤가 떨어져 나간 것 정도가 남아 있다니 참으로 안타까운 일이 아닐 수 없다.

그러나 그 짧은 결손본 속에도 만리타향을 걷고 또 걸었던 구도자의 외로움과 고향을 그리는 인간 심원의 마음을 노래한 다섯 수의 시가 기적같이 남아있다는 사실이 사람의 마음을 마구 두드린다.

……

달밤에 홀로히 고향 하늘 쳐다보니
뜬구름 시원스레 흘러가누나
소식 적어 그 편에 부칠 수도 있으련만
빠른 바람결은 아랑곳 않네
내나라 우리 하늘은 먼 북쪽 끝
이곳은 남의 땅 서쪽 모퉁이
무더운 남쪽엔 기러기도 없으니
뉘라서 숲을 향해 날아가 줄까
……

여기서 숲이란 계림(鷄林)을 일컬음이요 계림은 서라벌에 있으니 지금의 경주가 아닌가.

동아시아의 '오딧세이' 혜초 스님의 「왕오천축국전」이 발견된 것은 극히 최근으로 20세기초의 일이었다.

잠자는 '숲속의 미녀'는 그를 찾아온 왕자의 입맞춤으로 1백년만에 잠에서 깨어났으나 중국 실크로드길의 돈황 막고굴에서 잠자던

「왕오천축국전」은 프랑스의 동양학자 펠리오 교수가 1908년, 발견할 때까지 무려 1천2백년이나 깊은 잠에 취해 있었다.

하기야 이 땅에서 일찍이 세계로 미래로 민족의 기상을 뻗히신 분이 어찌 혜초 스님 뿐이랴.

그보다 앞서거니 뒤서거니 했던 신라인 혜엽, 현각, 현조 대사도 있었고 백제의 겸익 선생도 있었다.

그런 구법승(求法僧)들이 먼 곳에서 공부하던중 더러는 죽은이도 많았고 돌아오는 도중에 길을 잃은 경우도 한둘이 아니었으리라.

만리타향에서 쓸쓸히 죽어간 많은 이들의 얘기를 듣고 다음과 같이 명복을 비는 시도 써 남기고 있다.

……

고향의 등불은 주인을 잃고
큰 인물 이국 땅에 꺾여졌구나
신령은 어디로 갔는고
생각하니 애절함이 가이 없도다.
간절한 님의 소원 이루지 못함에
뉘라서 그의 고향길 알 수 있으랴
……

Goodbye INDIA

밤새 퍼부은 비가 그래도 모자랐는지 또 시작이다.

이렇게 쏟아지면 오늘 갈길이 중단될 수도 있을 거라며 운전사는 근심어린 눈빛이다.

그럴 때마다 우린 가슴이 철렁 내려앉는다.

가다오다 오도가도 못하면 버스 속에서 길이 뚫릴 때까지 마냥 기다려야 한단다. 아무런 대책도 없이 말이다.

그게 인도란다. 하긴 작년에 처음 인도를 찾았을 때의 황당무계한 일들을 생각하면 지금은 그래도 양반스런 여유를 제법 챙겨 보고있는 중이다. 얼마를 달렸을까.

어디선가 점심을 먹긴 먹었는데 짜빠띠만 두쪽 우겨 넣곤 더 이상 아무 것도 먹을 수가 없었다.

인도를 떠남의 힘듬이 한꺼번에 몰려오는가 보다.

물이라도 자꾸 먹어두라는 현지인들의 친절이 너무 고맙다.

여기가 도대체 어디쯤일까.

지도에도 없는 곳. 밤새 내린 폭우로 불어난 냇물이 시뻘겋게 성난 물살을 급하게 내몰고 있다.

버스가 지나갈 다리 같은 건 처음부터 없는 시골길.

이미 조그만 트럭하나는 물살을 이기지 못하고 한쪽으로 떠내려가다 쳐 박혀있다.

운전사도 우리도 모두가 긴장된 순간, 진퇴양난에서 한시간을 머뭇거렸지만 묘수는 없었다.

마침 반대쪽으로 건너가려는 원주민들이 하나둘씩 모여들더니 20여명에 이른다.

누군가가 번쩍이는 아이디어를 내놓는다.

우리가 몽땅 같이 타면 건널 수 있을 게 아니냐고 한다.

말하자면 저희들 20명이 오르면 버스가 무거우니까 떠내려가지 않을 거라는 기상천외한 발상이다.

이쯤에서 고민을 해야하는 건 기존의 승객들 뿐.

왜냐하면 현지인들은 가끔씩 그런 경험을 하고 있다면서 모두가 의기투합된 상태로 낯선 외국인의 동의만 기다리고 있다.

분명, '너 죽고 나 살자'는 비열함은 아니요 '같이 죽고 같이 살자'는 사나이의 의리 앞에 모두가 O.K다.

운전사까지 흔쾌히 결행(?)에 동의했던 그때의 심정은 지금도 미스테리로 남아있으며 현기증을 가다듬고 숨소리조차 죽였던 도강 순간을 생각하면 다만 하느님께 감사할 뿐이다.

함께 목숨을 걸었던 건넛마을 사람들과 헤어질 땐 누가 시키지도 않았는데 서로들 포옹을 나누며 이별을 아쉬워도 했다.

이름도 성도 모르는 사람들.

언제 어디서 다시 만날 기약도 없이 헤어져야 하는 나그네들.

인간에게 있어 관계란 무엇일까.

잠시나마 공동의 목적을 위해 한배에 탔던 인연이라면 아마도 전생에 영겁의 연이 있었음직도 하다.

어떤 이유로든 우리의 삶엔 만남이 있고 그 관계 속에서 한 걸음씩 성숙하기 마련이다.

아무튼 무사히 살아서 달려간 국경마을은 오고 가는 사람들로 꽤 붐비고 있다.

뻥 뚫린 길 위에 장대하나 걸쳐놓고 국경이라며 수속을 밟아야 한다니 미안한 표현이지만 어린아이들 장난 같았다고나 할까.

이미 서울서 받아온 비자며 수속이므로 얼른 확인하고 스탬프 한 번 꾹 눌러주면 될 일을 출입국 관리들은 서식 대로 다시 쓰라며 마냥 시간을 끈다.

그렇지 않아도 시간이 지체된 판에 나그네의 급한 심정을 저들은 아는지 모르는지 끼리끼리 해찰까지 하고 있다.

가로 걸쳐놓은 장대 옆으로 국경을 넘어 네팔측 출입국 관리사무소로 갔다.

오두막인지 방갈로인지 좁은 공간에 잡상인들까지 들락거리고 있어 매우 어수선하다. 하지만 반바지 차림의 네팔관리는 인도 관리처럼 따닥거리지는 않는다.

정복차림의 세관원에 X - Ray 투검장까지 지나야 했던 선진국의 국경통과 보다는 그래도 인간적이라는 생각에 네팔이라는 또 다른 제3국에 대한 느낌이 싫진 않다.

부처님 탄생지로 가는 길목다운 첫인상이다.

예정대로라면 지금쯤 룸비니에 닿아있을 시간이건만 이래저래 지체된 사연들로 주위가 벌써 어두워질 차비를 하고 있다.

비록 장대 하나를 지나왔을 뿐인데 나라가 달라진 분위기가 사뭇 새로움으로 다가온다.

무언가 보따리 보따리를 이고, 지고, 손에든 남루한 사람들이 인도쪽으로 계속 들어가고 있음은 그래도 이 나라보다는 인도가 더 잘살고 있음의 반증일까.

바꿔 생각하면 인도보다도 더 못살 것 같은 네팔이란 말인가.

지금 속단할 일은 물론 아니나 내일부터 차근차근 지켜볼 일이다.

우선 나라가 바뀌었으니 돈부터 조금 바꿔 놓아야 아쉬움을 덜 것같아 환전소를 찾았다.

앞에 인도국경표시 아치와 뒤에 네팔의 국경표시 막대가 나란히 보이고 있다.

단위는 인도와 같이 루피와 파이사였으나 화폐는 달랐고 물론 환율도 달랐다.

그런 것으로라도 네팔왕국이 인도에 예속되어 있지 않은 주권국가임을 웅변하고 있는 듯하다.

환율이 높아서인지 50달러를 바꿨더니 두 뭉치를 준다.

돈이 너무 낡고 작은탓에 꼭 아이들 장난감 딱지같은 모양새다.

산악국의 산사람들이라는 선입견 때문인지 인도인들보다는 훨씬 유순해 보인다.

그리고 우리와 너무 많이 닮아있음도 희한한 일이거니와 왠지 고향 땅에 가까이 온 듯한 느낌이 자꾸 든다.

할 수 없이 국경마을에서 그냥 주저앉기로 하고 게스트 하우스를 찾아 지친 몸을 하룻밤 쉬기로 했다.

내일 부처님을 뵐 생각에 정성껏 목욕재개하고 네팔의 첫 밤에 고즈넉이 빠져든다.

'Goodbye India'라면,

'Welcome to Nepal'이 되는건가.

한바퀴 돌려보면 과연 몇사람이나 등장할까?

12

히말라야

룸비니 동산
출가(Ⅰ)
출가(Ⅱ)
동창을 열며
포카라의 꿈

룸비니 동산

네팔의 아침, 히말라야의 아침이 빗속에서 밝아온다.

예전엔 모두가 하늘 아래 한 땅배기요 히말라야 그늘 밑에선 같은 나라 오천축국이었건만 지금 이곳은 막대하나 걸쳐놓은 국경 넘어 네팔(NEPAL)왕국이다.

어제 갔어야 할 룸비니를 찾아 오늘에야 배낭을 꾸린다.

지도상으로는 안나푸르나 쪽이요 나침반으론 정북(正北)향이다.

카필라성의 정반왕비 마야(Maya)부인은 대(代)를 이을 첫 왕자 탄생을 위해 당시의 풍습에 따라 친정으로 가던 중 이 동산에 머물러 잠시 쉬던차 태자를 낳았다고 전한다.

그런 연유로 마야부인의 친정 어머니 이름을 빌려온 것이 지금도 룸비니(Lumbini)라는 지명으로 남아있다.

무언가 부처님 탄생지를 표시내고 있으리라 기대하며 아무리 주위를 둘러봐도 눈에 들어오는 건 넓디넓은 초원에 비에 젖은 수목들만 푸른빛을 더할 뿐 우뚝하게 보이는 건 아무 것도 없다.

하기야 옛 문헌의 묘사에도 수목이 울창한 곳에 온갖 꽃들이 다투어 피고 지며 목청 고운 새들이 노래하고 맑은 샘물이 솟는 아름다운 동산이었다고만 적고 있다.

아침부터 시작한 비가 이젠 갤 때도 됐건만 시간이 흐르면서 더욱 기승을 부린다.

불교 최고의 성지인 룸비니. 아기부처에게 두 마리 용이 나타나 목욕을 시켰다는 보리수 나무밑의 목욕지. 그뒤로 아쇼카대왕 석주가 보인다.

어렵사리 찾아온 동방의 손님을 아기부처님이라 아직 잘 모르시는 모양이다.

우산을 펴들고 한참을 걸었다.

마야데비 템플이라고 소개한 곳은 생각보다 너무 작고 초라했다.

지레 근사할 것이라고 생각했던 마음이 오히려 송구할 뿐이다.

그저 황량한 가운데 외로운 점(?) 하나라고나 할까.

거기서 서북쪽 지평선 위에 듬성듬성 숲이 보이고 그 넘어가 부처님의 고향 카필라바스투라고 한다.

여기서 25km 떨어진 거리. 그러니까 마야왕비가 친정으로 가던 중 60리길을 왔다가 잠시 쉬는 사이 출산을 한 것으로 추정할 수 있다.

산기(産氣)를 느낀 마야부인이 연못에서 목욕을 한후 오른손을 들어 보리수 나뭇가지를 잡았을 때 오른쪽 옆구리에서 태자가 탄생하였으니 그이가 곧 싯달타 고타마(Siddhartha Gautama)다.

기다리던 왕자가 태어난 카필라성의 환호와 기쁨도 잠깐 태자의 어머니는 해산한지 이레만에 죽고 그의 동생인 아하프라자파티가 태자를 양육하게 되었으니 어린왕자는 이모 손에서 자란 셈이다.

싯달타 고타마는 태어나면서 바로 어머니를 잃었고 평생 동안 삶과 죽음의 문제를 탐구하고 체험하며 설법하게된 필연의 운명을 타고난 걸까.

길에서 태어난 그는 스물아홉에 뜻한바 있어 길을 찾아 출가(出家)하고 숱한 번뇌의 길을 걷다가 마침내 서른다섯 나이에 그 길(道)을 깨닫게 된다.

그후 평생을 걸어온 길에서 많은 중생들에게 깨우침의 길을 가르치다가 80세에 이르러 구도의 길에서 열반한다.

그래서 사람들은 불교를 가리켜 길(求道)의 종교라고도 부르고 있다.

태자가 태어나던 날 연못에서 두 마리 용이 나타나 아기를 목욕시켰다는 전설의 목욕지는 생각보다 맑은 물이 빗방울에 얼굴을 내민 채 수줍은 듯 찰랑인다.

비만 오지 않았더라도 거기 걸터 앉아 아기태자의 목욕하던 모습을 한번 더 상상해 볼 수 있었을 텐데 그냥 서성이고 있으려니 아쉬움만 크다.

신라 고승 혜초 스님보다 약 1백년 앞서 이곳을 다녀간 당나라 현장 법사는 그의 여행기에 아쇼카대왕 석주(Pillars) 이야기를 자세히 기록하고 있다.

이는 훗날 정글 속에 묻혀 잠자고 있던 부처님의 탄생지를 세상에 알려준 소중한 징표가 되어주었다.

머리 부분이 없어 멀리서 보면 꼭 굴뚝처럼 생긴 이 돌기둥 이야

룸비니에 한국사찰을 세우기 위해 파견된 대성석가사 스님과 보살님.

말로 말년에 신들에게나마 사랑받는 선한 왕이 되고자했던 아쇼카 대왕이 즉위 20년만에 몸소 이곳까지 찾아와 경배 드리고 세워놓은 기념비라는데 젊어서 그렇게 무시무시하고 잔인하여 수없는 인명을 살상한 천하제일의 전쟁광도 살생을 금하라는 부처의 자비 앞에선 한낱 초로의 인생임을 깨닫게 되었으니 부처님 나으신 곳에서 인생사 생로병사임을 다시 한 번 되뇌어 본다.

출가(I)

장아함경을 보면 아기 왕자는 태어나자마자 사방을 두루 살피고 일곱 걸음을 옮긴 다음 오른손은 들고 왼손은 내려 하늘과 땅을 가르키며 이렇게 외쳤다고 한다.

"천상천하(天上天下) 유아독존(唯我獨尊)"

즉, 하늘과 땅위에 나 홀로 존귀하네, 살아있는 모든 것이 고통속에서 헤매는구나, 내가 마땅히 이들을 편히 쉬게 하리라.

석가가문 정반왕의 자손으로 태어난 부처(B.C 560~480)는 일년내내 멀리서도 하얀 눈을 바라 볼 수 있는 히말라야 산자락 카필라성에서 자랐다.

어린 왕자는 부귀한 귀족사회의 세속적인 행복을 맛보았고 그의 아들 라후라(Rahula)는 결혼의 소산이었다.

그러나 삶의 근본 문제인 존재(存在)를 고뇌하며 사람들이 늙고 병들고 죽어가는 생로병사(生老病死)를 목격하게 된다.

'…… 육체의 불안이 내게 공포와 저주를 주는구나. 왜냐하면 우리는 모두 늙어서 병들어 죽을 것이기 때문에……'

그리하여 그는 왕실과 가족과 온갖 부귀영화를 다 버리고 금욕주의적인 구원을 찾기로 결심하기에 이른다.

그때 나이 스물아홉인 그를 경전에서는 '싱싱한 삶을 막 시작하려던 젊은 나이에 고행을 시작한 태자 싯달타는 집을 떠나 광야로 나갔다. 눈물로 말리는 부왕의 간청을 뿌리치고 그는 삭발 후 노란 승복을 입었다.'고 적고 있다.

그렇게 출가(出家)한 싯달타 태자에게도 정비(正妃) 아쇼다라와의 사이에 아들 하나가 있었다.

하지만 그 아들이 정확히 언제 태어났느냐에 대해서는 아직도 설이 구구하다.

출가한 바로 그날에 태어났다는 기록이 있는가 하면 출가하기 이례전에 태어났다는 설도 있고 출가한 며칠뒤에 태어났을 거라는 이야기도 있다.

심지어 아쇼다라가 남편의 출가 전에 잉태했다가 남편이 6년의 고행 끝에 득도하자 그 소식을 듣고 아들을 낳았다는 신화 같은 이야기도 전해오고 있다.

한가지 확실한 것은 싯달타가 아들의 출생소식을 듣는 순간 "라훌라가 생겼구나!"라고 외쳐 '라훌라'가 그대로 아들의 이름이 됐다는 사실이다.

라훌라의 말뜻이 장애(障碍)라는 의미이고 보면 아들이 태어남으로써 곧 자신의 수행에 걸림돌로 작용하게 됐다는 외침이 아니었을까.

그런 점으로 미뤄본다면 라훌라는 싯달타의 출가 이후에 태어났으리라는 설이 더 큰 비중을 갖는다.

만약 출가 전에 태어났더라면 집을 떠나기가 매우 어려웠을 것이라는 해석이기 때문이다.

불가에서는 이를 두고 '사랑의 연줄을 끊는다'고 표현하고 있다. 출가하여 불교에 귀의하면 속세와의 모든 인연을 끊어야하기 때문이다.

그것은 이 세상에 존재하는 모든 사물이 서로간에 작용하도록 되어있다는 연기(緣起)의 존재론을 무상(無常)으로 표현한 것과도 궤를 같이하고 있음이다.

구도승을 꿈꾸며 수행정진중이라는 남방(스리랑카)
사원의 어린 동자승들.

카필라왕국의 왕위계승자로써 온갖 부귀영화가 보장돼있었음에도 불구하고 모든 것을 과감히 버림으로써 성불이 가능했음은 주지의 사실이다.

그래서 지금도 출가자들에 대한 계율만은 매우 엄격하여 비구(比丘)가 될 때는 250계(戒)를, 비구니(比丘尼)가 될 때는 348계를 받도록 하고 있다는데 이는 모두가 하나같이 까다롭고 지키기 어려운것들 뿐이라고 한다.

우선 혈육의 가족, 친지, 친구 등 사바세계의 모든 인간관계를 끊어야 하고 사회적 지위나 재산까지 다 포기해야 하는 일부터가 그렇다.

부처가 되고 아니 되고는 그 다음, 다음의 문제다.

출가(Ⅱ)

가출(家出)이나 출가(出家)는 두 단어 모두 집을 떠난다는 낱말의 뜻이 같음에도 불구하고 전자는 못된 짓의 대명사로 특히 청소년이나 주부에게 많이 붙여 쓰이고 있는 반면 후자는 전혀 또 다른 해석으로 처녀의 결혼과 도(道)를 닦기 위해 집을 나서는 예비 도반의 성스러운 발걸음쯤으로 이해되고 있다.

언어의 연금술이라고나 할까.

어쨌거나 출가의 주연급 스타가 부처님이라는데 이의를 제기할 사람은 별로 없을 것이다. 그래서 지금도 구도를 위해 집을 떠나 산으로 들어가는 사람을 일러 출가자라고 부른다.

그러나 그에 못지 않은 출가의 예로 예수님을 꼽을 수도 있으며 그런 생각이 여기 룸비니 동산에 와서까지 연루되고 있음은 알 수 없는 사건(?)이다.

유다의 작은 고을 베들레헴에서 태어난 아기예수의 이야기는 「마태」서가 자세히 기록하고 있다.

마구간에서 태어난 아기의 미래가 장차 어떻게 펼쳐질지 어리석은 백성들은 아무도 예측하지 못한 가운데 예수는 그런 저런 우여곡절 끝에 시골마을 나자렛에 정착하여 어린 시절을 보내게 된다.

요셉이 목수일을 하고 있었던 점으로 미루어 대패질이나 망치질 혹은 톱질을 하며 허드렛 일을 도와 가구를 손질하는 등 작은 일부터 집을 짓는 법까지 배우면서 노동의 힘듬과 땀방울의 소중함도 일찍이 깨우쳤으리라.

아기예수의 집이 당시의 율법에 따라 너무도 착하고 충실히 살아온 가정적 분위기였음을 미루어 짐작할 때 무럭무럭 성장하고 있는 소년 예수도 구약의 뿌리를 이루고있는 유대교의 율법에 충실했음은 불문가지임에 틀림없다.

생활이 그리 넉넉하지 못하였기 때문에 부유한 집의 아이들처럼 유명한 랍비를 찾아 수업도 대대로 받지 못했을 건 뻔한 일이다.

예를 들어 사도 바오르의 경우는 율법의 도시 예루살렘에까지 유학하여 명망있는 랍비 밑에서 전문적인 수업을 받아 율법학자가 되기도 하였다.

그런 가운데에도 소년 예수는 만난을 무릅쓰고 피땀어린 독학(?)을 정진하여 당시 내노라하는 율법학자들과 토론까지 할 정도로 구약성서에 정통하였다고 「루가서」는 적고 있다.

그런 그가 더욱 장성함에 따라 몸과 지혜가 날로 성숙하여 주위에 만연하고 있는 세상의 혼탁함을 직시하면서 고뇌를 떨치지 못하게 된다.

'……왜, 수많은 사람들이 영생을 얻지 못하고 죄와 고통속에서 헤매야만 하는 걸까……?'

그는 그런 화두를 풀지 못하고 몹시 방황한 나머지 청년 예수는 드디어 작별을 고하고 세상의 구원을 위해 위대한 첫걸음을 내딛기로 결심한다.

그때 예수님의 나이 막 서른 살.

마치 석가모니 싯달타가 출가하여 노란 승복을 입고 광야에서 고행을 자초한 것처럼 그도 요단강으로 나가 세례로써 당신의 정체성을 확인한 다음 곧바로 광야에서 고행의 깊은 늪에 빠진다.

그리고 그의 출가 첫 소감을 이렇게 외쳤다고 「마르코」서는 적고 있다.

'때가 다 되어 하느님의 나라가 다가왔다. 회개하고 이 복음(福音)을 믿으라.'

차마 감내하기 어려운 고행(苦行)과 무소유(無所有)를 행하며 우매한 백성들의 시리고 아픈 마음과 번뇌로부터의 해방을 위해 간절히 서원하고 있음이 꼭 우연의 일치만은 아닐텐데……

어리석은 필부에겐 아직도 '깨달음'이 요원하다.

동창을 열며

더운물로 샤워를 하고 간밤에는 푹 잠을 잤다.

그동안 긴장됐던 심신이 산중에 드니 조금 풀리는 것 같아 기분이 상쾌하다. 동창을 여니 멀리서 가까이서 높고 낮은 산들이 어서오라 반긴다.

금산(錦山)에서 낳고 자란게 나의 유년시절이라서 그런지 고향의 뒷동산 자락에 안긴 듯 평온하다.

두고온 고국의 산천과 낯익은 얼굴들에게 '여기는 포카라(Pokhara) 히말라야의 산자락……'하며 그림엽서를 일곱장이나 썼다.

사람들은 이곳을 거쳐 인도로 들어가기도 하지만 대부분은 인도 여행에서 지친 나그네들이 귀국길에 쉬러 오는 경우가 더 많은 곳이다.

더구나 산악인들에겐 히말라야 등반의 메카이기도 한 포카라.

특히 안나푸르나에 도전했던 많은 등산가들이 살아서 돌아온 사람도, 혹은 다시 돌아올 수 없게된 사람도 모두가 한번쯤은 발걸음을 들여놓았던 곳이다.

포카라는 인도에 비해 거리도 깨끗한 편이고 소란스럽지도 않다. 그리고 끈질기게 따라오며 박시시를 요구하던 그런 아이도 없는 것 같다.

세계의 산악인들이 묵어가는 곳이라 그런지 인도에서는 볼 수 없었던 코카콜라를 비롯한 외국상품의 광고도 심심찮게 눈에 띈다.

엊그제만 해도 가는 곳마다 귀청이 따갑도록 울려대던 힌두 음악과 이슬람의 코란 읽는 소리가 내 귀에는 마치 구슬픈 여인의 흐느낌 같아 애절하다는 생각까지 들기도 했던 소음(?)이 없어 조용하다.

중학교 지리시간에 배운 바로는 이곳도 옛날엔 깊은 바다였다고 했다.

그후 지층이 융기할 때 중국대륙과 인도대륙이 지각변동으로 맞부딪치면서 바다가 솟아올라 지금의 히말라야 산군이 되었다는데 자그마치 8천미터급 높이에 길이가 동서로 2천4백미터나 뻗어있어 가히 지구의 지붕이라 칭하고 있다.

마치 그런 이야기를 증명이라도 하듯 길가 노점상에선 분명 바다 생물인 암모나이트 조개화석을 많이도 팔고 있다.

'신이 사는 집' 히말라야를 이 사람들은 예로부터 '사가르마타'라 불러왔다.

그러나 문명인들이 들어와 외부세계로 널리 알려지면서 에베레스트라는 산악 측량기사의 이름으로 통칭해 더 많이 부르고 있다.

1953년 5월 29일 오전 11시 30분!

사람이 최초로 에베레스트 정상에 올랐었다.

영국 등반대의 에드먼드 힐러리와 셀파 텐징 노르게이가 세계 최고봉에 우뚝 선 것이다.

그는 그의 저서 「하이 어드벤쳐」에서 정상에 섰던 감격을 이렇게 적고 있다.

……

그렇게 많은 등산가들이 갈망했던 것을 마침내 이루어낸 행운이라는 벅찬 사실에 안도감과 함께 막연한 놀라움을 느꼈다.

처음에는 우리가 정상에 도달했다는 것이 무슨 의미를 지니는지 파악하기조차 힘들었다.

너무 지치고 또 안전하게 살아 내려가야 할 먼길을 생각하니 큰 기쁨을 느낄 겨를이 없었다.

그러나 우리가 성공했다는 사실을 분명히 깨달았을 땐 그 어느 산꼭대기에서 느낀 감정보다 분명히 더 강렬했던 건 사실이다.

……

감정을 충분히 표현하지는 못했지만 어느 산에서보다 훨씬 더 강렬했다는 그의 표현이 인상적이다.

그리고 24년의 긴 세월이 지난 1977. 9. 15. 낮 12시 50분 우리의 고상돈 친구가, 또 그로 10년 후 1987. 12. 22일엔 한국산악회의 허영호 악우가 세계 최고봉 8,848미터 에베레스트 정상에 태극기를 꽂았다.

이렇듯 히말라야는 등반가의 등정 대상으로써도 존재하고 있지만 어디 그 뿐인가.

산을 노래하고 시를 쓰고 그림을 그리며 소설을 엮어가는 많은 예술가들의 마음속에도 자리하고 있으며 그 속에서 순하게 살아가는 이곳 산사람들의 현실적인 근거지로도 존재하고 있다.

무릇 인간들이 어디서 어떤 형태로 어떻게 의미를 부여하든 히말라야는 변함없는 자태로 우뚝 하건만 사람들이 저마다 희, 노, 애, 락을 따로히 이야기하고 있을 뿐이다.

오! 히말라야여!

신의 은총이 내리신 곳이여!

인도의 어머니여!

포카라의 꿈

'트레킹'이란 본래 소달구지 여행을 뜻하는 어원을 갖고 있으나 이 나라 정부가 발행한 히말라야 등반 규정을 보면 트레킹은 '현대 운송수단이 가능하지 못한 지역에서 볼거리를 위해 도보로 시도하는 여행'을 말하고 있다.

고봉 등정을 위한 등산과는 근본적으로 구분되고 있음이다.

여기서는 트레킹도 등반과 마찬가지로 네팔정부 관광성으로부터 허가를 받아야 한다. 그뿐 아니라 트레킹 대리인의 도움을 받도록 법으로 규정하고 있다.

그러므로 겉으로 허술하게 보이는 마을이나 산간지역의 체크포인트 하나라도 가볍게 간과해서는 아니 된다.

무엇 하나라도 꼼꼼하게 살피는 태도라든가 자국민의 셀파나 포터를 알뜰살뜰 챙기고 있는 네팔 정부의 자세는 배울 만한 본보기가 되고도 남는다.

산을 좋아하는 사람이면 누구나 히말라야의 에베레스트에 오르고 싶은 건 인지상정이다.

그래서 젊은날 그렇게도 꼭 한번 와보고 싶어 무던 애를 써봤지만 내 젊음에 그 복(福)은 없었다.

결국 때를 넘기고 나이 들어 트레킹으로 만족해야했던 섭섭하고도 그러나 행복했던 추억이 서린 곳 여기 포카라.

'페와달' 호숫가에 다시 앉으니 만감의 추억이 스친다.

잔잔한 수면 넘어 포카라의 상징 마차푸차레 봉(6,993m)이 피라미드형으로 우뚝하다.

이 봉우리는 안나푸르나 제3봉에서 남쪽인 이곳으로 쭉 뻗어 내렸기 때문에 7천~8천미터의 안나푸르나 연봉을 배경으로 오히려 더 높이 솟아 보인다.

좌우의 다울라기리나 마나슬루보다 높은 봉우리처럼 보이는 것은 우리의 눈 거리가 가깝기 때문일 뿐이다.

묵티나스 트레킹 코스는 안나푸르나(8,078m) 산군을 돌아보는 코스였다.

주봉인 안나푸르나를 끼고 도올지로 가는 도중에 왼쪽으로 툭체와 다울라기리 봉을 지나기 때문에 그 어느 곳보다 운치가 대단하여 첫째날은 포카라에서 나우단다까지 워밍업을 겸해 걷고 캠핑을 했으며 둘째날 비레탄티 경유 3일째에 고라파니에서 푹 쉬었었다.

이름이 그래서 그런지 골이아파 혼이 났던 기억은 지금도 생각만 하면 골 아팠던 '고라파니'다.

다음날 타토바니까지 걷고 닷새째 가사 경유 6일째 툭체 거쳐 일주일만에 좀손에 이르렀었다.

골아픈건 기본이요 때론 먹지도 못하고 토하며 미끄러져 넘어진 덕에 손가락까지 삐었던 고산병의 기억과 손발이 붓고 눈알이 빠지는 것 같았던 일주일간의 고행 끝에 다다른 좀손에는 허망스럽게도 간이 비행장이 있어 포카라나 카투만두에서 단숨에 날아오른 트레커들이 있어 얼마나 실망스러웠고 약이 올랐던지 그 순간엔 죄없는 그들을 보면서 마음까지 상했던 어리석음도 겪어보았다.

그러나 세상만사 새옹지마라던가.

우리는 그간의 고통을 밑거름으로 싱싱한 컨디션을 유지하며 히말라야를 마음껏 노래할 수 있었던 반면 비행기로 골아프지않고 너

빗속의 트레킹중에 만난 원주민 아낙들.

무 쉽게오른 그들은 그날 밤, 땅바닥을 기는사람 토하는 사람 눈동자가 뒤집어지는사람 등 고소순응이 안된 상태에서 고산병에 시달려 모처럼의 신나는 트레킹을 망치는 경우도 보았었다.

그렇게 쉽사리 감상할 수 있는 히말라야는 결코 아니었다.

그때의 일들이 주마등처럼 스치는게 꼭 K2 영화한편을 떠올리게 한다.

트레킹 마을을 지나면서 그곳 주민들을 만나 티끌없는 마음으로 바디랭귀지를 나눴던 기억이나 거기서 함께 묵었던 다른 나라 트레커들과의 새로운 만남 또한 잊을수가 없다.

비록 하룻밤의 짧은 인연이요 서로 다른 곳에서 전혀 생소한 모습으로 살아온 이방인들이었지만 사람은 어디서 어떻게 살든 참으로 착하고 선한 심성을 갖고 있더라는 믿음의 확인은 얼마나 소중한 추억이었는지 모른다.

그리고 그 높은곳 지독히도 척박한 오지에서 삶의 터를 가꾸며 살고있던 저들의 문화수준을 피부로 느낄 수 있었던 일도 큰 보람이었다.

안내자나 짐꾼 정도로만 폄하해왔던 그들과 2주간을 함께 지내는 동안 그들의 인간다움과 착하고 바른 의식에 부끄러움마저 느꼈음을 고백하지 않을 수 없다.

경제만을 제일로 평가한다면 세계 최빈국축에 들겠지만 그러나 그들 내면의 깊은 곳에 간직된 믿음직한 마음, 곱고 인정스런 심성, 자연의 이치에 순응하는 자세 등은 돈으로 환산될 수 없는 선진성이 아니고 무엇이랴.

하긴 우리도 과거엔 꾲꾲한 선비정신이 있어 그랬었다.

오늘날 경제적 선진화에 지나치게 돌진(?) 하면서 아깝게도 너무 많이 잃어버린 덕목들이다.

기실 물질적으로 발전하려는 것도 궁극에는 삶의 질을 높여 행복하게 잘 살아보자는게 목적일 텐데.

무엇이 옥석(玉石)인지…….

포카라의 춘몽일까?

에필로그

감히 발그림자 조차 비견될 수 없음을 잘 알면서도 혜초 선사의 천축기행을 거울삼아 내디뎠던 인도유랑 길.

종잡을 수 없이 억수로 퍼붓던 장대비속에서 봄베이의 코끼리섬에 상륙했을 때 그래도 비바람을 피할 수 있게 해준건 시바신을 모셨던 동굴사원이었다.

그리고 부단히도 억척스럽게 헤쳐온 '종교의 바다' '인간의 숲'에 벌어진 입을 다물지 못했던게 어디 하나 둘인가.

가슴을 콩콩거리게 만들었던 원색 샤리의 여인들.

버스조차 세워놓고 한가로이 지나가던 우공들.

오나가나 늘비했던 사람. 사람들의 노숙현장.

천년의 세월을 잠자고 깨어났으면서도 그때 그 정취를 아직도 물씬 풍기던 아잔타의 신비와 불가사의.

감히 인간의 걸작이라 말하기조차 송구스러웠던 엘로라의 잔영들.

그렇게도 귀하던 물이 차고 넘치도록 풍부하여 심신을 잠시 풀수 있었던 만두 성과 우다이푸르의 피콜라 호수.

서북부 타르사막 초입에서 만났던 블루 시티와 핑크 시티의 현란했던 라자스탄 사람들과 비카네르 낙타몰이꾼 아저씨가 들려준 별들의 얘기는 아직도 귀에 쟁쟁하다.

현대와 고대가 함께 공존하며 인도를 이끌고 있는 델리를 축으로 골든 트라이앵글을 지나면서 맛본 무굴제국 사람들의 열정과 사랑!

레드포트가, 아그라포트가, 타지마할이 바로 거기 있었다.

다음날 비 때문에 길이 끊어져 난데없는 기차 속에서 쪼그리고 앉아 하루를 버텨야했던 기억은 차라리 잊혀졌으면 좋으련만 더욱 새록새록 다가온다.

인도의 여름 몬순을 우습게 여긴 죄값이었을까.

장대같이 쏟아 부은 폭우로 18시간을 이리저리 돌면서 견뎌야했던 그날. 다급한 나머지 알라신을 찾기도 했었다.

그리고 우리 앞에 다가선 카주라호의 미투나 상(像).

거기서 빼앗긴 넋은 아직도 찾을 길이 막연한데 갠지스의 일출과 때를 맞춘 삶과 죽음의 갓트에서 충격으로 다가온 비몽사몽간의 무시무종(無始無終)은 그제서야 비로서 '아! 인도, 인도가 여기 있구나!' 하곤 오히려 정신이 번쩍 들었었다.

죽음을 기다리는 사람이야 이 세상 어디인들 없을까마는 '죽음을 기다리는 집'도 바라나시엔 있었다.

그곳이 괜찮은 곳인지 몹쓸 곳인지 헷갈리기는 지금도 마찬가지다. 산목숨이기에 분명 죽은 자는 아니었지만 거기서 자신의 삶과 죽음이 크게 구분되지 않았던 묘(?)한 체험도 맛보았다.

지금도 가끔은 그 언저리에서 맴돌고 있는 것 같은 착각에 빠지곤 한다.

'종교의 바다를 돛대도 없이 저어 온 걸까'

'인간의 숲을 지팡이도 없이 헤쳐 온 걸까'

그 끄트머리에서 찾아든 사슴동산 녹야원의 시원한 나무 그늘은 내게 새로운 기(氣)를 넣어 주었다.

바람에 실려온 석가모니 부처는 실눈하나 깜박이지 않았지만 무엇을 말하려는지 이제야 조금은 알것도 같고…….

그렇게 싸움 잘하고 용맹하여 이 나라 역사상 무소불위의 만인지

상에서 칭송받던 아쇼카왕도 모두가 헛되고 헛됨을 깨닫고 저승에 서나마 신들에게 사랑받는 인자한 왕이 되고싶어 모든걸 아낌없이 베푼 후 버리고 떠나기를 실행함으로써 영원불멸의 '아쇼카 대왕'이 된 까닭을 사르나트 고고학 박물관에서 만났었다.

카빌라성의 왕자님이 왜 출가했는지, 그리고 유명사찰마다 문간에 기둥보에 많이도 써붙여 놓은 팔정도의 깊은 뜻이 무엇인지 그 깊이는 아직도 알길이 멀기만 하다.

천국의 중심이요 지구의 배꼽인 히말라야는 힌두의 안식처라 했던가. 인도에서 지친 심신을 결국 포카라에서 풀었으니 그도 그럴싸한 귀결이다.

지나온 길 되짚어 본다는게 기쁨보다는 고통스러움의 반추임을 예전엔 몰랐었다.

두 번 다녀온 인도유랑 길에 무엇을 보았으며 무엇을 얻었을까마는 그래도 누구나 자주 가는 겨울 인도가 아닌 참맛이 거기 있었고 끙끙대며 짊어지고 다녔던 배낭 무게 만큼이나 벅차오른 감회는 아직도 가눌 길이 없다.

조선조의 연산군은 팔도에 채홍사까지 파견하여 못된 짓을 일삼았으며 그때 궁중으로 불려간 여자 아이들을 일러 홍청(興靑)이라 했었다. 그렇게 홍청들과 놀아나다 나라가 망했다하여 훗날 백성들 입에서 '홍청망청'이란 말이 생겨났음을 우리는 잘 알고 있다.

21세기를 코앞에 두고 불행하게도 정치, 경제, 사회가 홍청이면 망청인 것을 가슴시리도록 겪고 있는 터에 또다시 IMF 같은 해(年)가 되풀이 돼서는 아니 되겠지만 만에 하나 또 어려운 때라 느껴지면 그때도 난 인도를 유랑하리라.

그리고 그 다음 여름방학이 되어 반쪽 남은 실크로드 따라 이스탄불까지?

아니면 중남미의 잉카와 아즈텍과 마야?

아니, 킬리만자로 넘어 아프리카 횡단을 무사히 마칠 수 있다면 그제서야 겨우 지구 한바퀴를 염주 알 꿰듯 잇게 된다.

문은 두드리는자에게 열리고 길은 찾는 자의 것이라고 했던가?

준비할 땐 늘 - 새롭게,

떠날 때는 마지막 기행처럼,

그리고 돌아올 땐 다시 준비하는 초심(初心)으로……

老古山에서 著者

독자의 이해를 돕기위한 세계사연표 (요약)

(한국 · 세계 · 인도) (B.C 3500～A.D 2000)

시대	연대	우리나라	다른나라	인도(INDIA)
고대사회	B.C 3500년		나일강유역 에집트문명 시작	
	3000년		황하유역 중국문명 시작	인더스, 갠지스유역 인도문명 시작
	2333년	단군, 아사달에 도읍		
	1800년		함무라비왕, 메소포타미아 통일	유럽계 아리안족, 북인도 관장
	1500년	고조선 융성	중국 춘추전국시대 시작	흰두교 번성, 베타(Veda)서 형성
	500년		공자탄생(551년)	석가탄생(543년)
	300년			알렉산더대왕 인도침입 마우리아 왕조 탄생
	200년	위만조선 탄생(194년)	진시왕 중국통일(221년)	아쇼카대왕 즉위(273년)
	100년	신라·고구려·백제 개국	예수그리스도 탄생(4년)	마우리아왕조 쇠퇴후 혼란기
	0			
	A.D 100년	고구려 진대법 실시(195)	로마사절 중국방문(166)	찬드라굽타1세, 굽타왕조탄생(101)
	200년		중국 삼국시대 시작	아잔타 석굴조성기
	300년	고구려 불교전래(372) 광개토대왕 즉위(391) 백제 불교전래(384)	로마, 기독교 공인(313) 게르만민족 대이동(375)	불교 중흥기
	400년	백제, 일본에 한학전파 신라, 백제 화친 동맹(433)	서로마 멸망(476)	굽타왕조 쇠퇴기
	500년	신라, 불교 공인(527)	콘스탄티노플, 소파아성당 건립	각지에 소왕국 출몰
		신라 진흥왕 즉위(540) 백제, 일본에 불교전파(552)	마호메트 탄생(579) 수나라 중국통일(589)	만두왕국 번성
	600년	백제 멸망(660)	이슬람(회교) 창시(610)	당나라 현장법사 인도기행(629)
		고구려 멸망(668)	회교기원 원년시작(622)	대당서역기 씀
		신라 삼국통일(676)		엘로라 석굴 조성기
	700년	발해 건국(698)		
		신라 정전지급(722)	당 · 현종즉위(712)	신라혜초스님, 천축국기행(720)
		불국사, 석굴암 세움(751)	안사의난(755)	왕오천축국전 씀

시대	연대	우리나라	다른나라	인도(INDIA)
중세사회	800년	장보고 청해진 설치(828) 견훤, 후백제 건국(900)	잉글랜드 왕국 건립(829)	불교, 버마전파
	900년	궁예, 후고구려 건국(901) 왕건, 고려 건국(918)	당나라 멸망, 송나라 건국 오토1세, 신성로마 황제대관	남인도 촐라왕조 번성 북인도 불교쇠퇴
		고려, 후삼국통일(936) 고려 국자감 설치(992)	프랑스, 카페왕조 시작	중동 회교국 번성
	1000년	귀주대첩(1019) 주전도감 설치(1097)	십자군원정(1096)	회교국 유린에 계속 시달림
	1100년	해동통보 주조(1102) 김부식 삼국사기편찬(1145)	프랑스, 노틀담성당 건축 일본, 가마쿠라막부탄생(1192)	굽타 우딘왕 델리함락(1193)
	1200년	고려 강화도 천도(1232) 팔만대장경 새김(1236)	징기스칸 몽고통일(1206) 마르코폴로 동방견문록(1299)	이슬람 회교국 번성
	1300년	문익점, 목화씨도입(1363)	단테, 신곡완성(1321)	회교국이 수도를 엘로라로 옮김
		최무선, 화약발명(1377) 고려멸망, 조선건국(1392)	영, 불 백년전쟁시작(1338) 원 멸망, 명 건국(1368)	함피흰두왕조 세력확장
	1400년	세종즉위(1418)	잔·다크, 영국군 격파(1429)	포르투갈 께릴라 최초상륙(1492)
		훈민정음 반포(1446)	콜럼버스, 신대륙 발견(1492)	바스크 다가마 인도항로 발견(1498)
	1500년	마리, 제주도 표착(1582) 임진왜란(1592) 행주대첩(1593)	루터, 종교개혁(1517) 마젤란, 세계일주(1519~22)	무굴제국 시작(1527) 악바르대제 즉위(1556) 아그라 포트 축성
근대사회태동	1600년	동의보감 완성(1610) 병자호란(1636)	영국 동인도회사 설립(1600) 독일30년전쟁(1618~48)	제항기르왕 즉위(1605) 샤-자한즉위, 타즈마할 건축(1627)
		하멜, 제주도 표착(1653) 상평통보 주조(1678)	명멸망, 청나라건국(1644) 청교도 혁명(1642~49)	동인도 회사 무역소 설치(1639) 시바지장군 무굴왕조에 계속 투항
		안용복, 독도사수(1696)		
	1700년	백두산 경계비 건립(1712) 규장각 설치(1776) 이승훈의 천주교 전도(1784) 서학을 금함(1786)	왓트, 기관차 발명(1765) 미국, 독립선언(1776) 프랑스혁명, 인권선언(1789)	무굴제국 쇠퇴기

시대	연대	우리나라	다른나라	인도(INDIA)
근대사회	1800년	최제우 동학창시(1860) 김정호 대동여지도완성(1861) 고종즉위 대원군집권(1863) 임오군란, 미·영·독과 통상 유길준, 서유견문기(1895) 대한제국 건립(1897)	프랑스 7월혁명(1830) 미국, 남북전쟁(1861~65) 일본, 명치유신(1868) 수에즈운하 개통(1869) 청·일전쟁(1894~95) 제1회 올림픽 개최(1896)	무굴제국 멸망(1858) 영국여왕, 인도황제겸임(1877) 독립의 견인차 국민회의당결성(1885)
	1900년	을사조약, 천도교 선포(1905) 국채보상운동, 고종퇴위(1907) 한일합방(1910) 청산리대첩(1920) 조선, 동아일보창간(1920) 대한민국정부수립(1948)	러·일전쟁(1904~5) 중화민국 건국(1912) 제1차 세계대전(1914) 중·일전쟁(1937) 제2차 세계대전(1939) 컴퓨터 등장(1946)	수도를 뉴델리로 옮김(1911) 비폭력 시위군중대학살(1919) 인도 독립(1947) 네루 수상 집권(1947~64) 간디 서거(1948) 티벳 달라이라마 인도망명(1959) 1차 핵실험 성공(1974)

姜仁喆
(E-mail : ickang @ netsgo. com)

성지대 부학장
UIAA 한국이사
M · E 대표부부

저서
「가깝고도 먼 나라 日本」
「일제히 시작하는 땅 ARABIA」
「5父子 라이브 인 U.S.A.」
「中國 그리고 실크로드」
「父女 가서 본 유럽」
「그래도 고려인은 살아있다」

혼돈, 사람과 신들의 나라
-5부자 인도대륙을 횡단하다

지은이 · 강인철
펴낸이 · 이수용
전산조판 · 단지기획
제책 · 민중제책
펴낸곳 · 秀文出板社

1999년 12월 1일 초판 인쇄
1999년 12월 4일 초판 발행
출판등록 1988. 2. 15. 제7-35호
132-033 서울 도봉구 쌍문3동 103-1
전화 904-4774, 994-2626 FAX 906-0707

ISBN 89-7301-071